フランス外人部隊

その実体と兵士たちの横顔

野田 力

角川新書

はじめに

今日、自分は死ぬかもしれない――。

フランス外人部隊の一員であった私には、コートジボワールに派遣された時期がありました。そのとき銃を持った三人と向かい合い、そう思いました。

二〇〇六年のことで、二十六歳でした。

コートジボワールでは二〇〇二年から内戦が続いていました。この頃までには政府軍と反政府勢力のあいだで停戦宣言があり、武装解除の合意もなされていました。にもかかわらず対立構造は解消されていない状況だったのです。フランス軍は停戦の監視と治安維持のために駐留していました。そのパトロールに就いていたなかで、武装した集団に囲まれてしまったのです。私個人は一対三になりました。

私も銃を持っていました。しかし、グリップから手を離すようにと言われ、相手を刺激しないように従いました。一方で相手は、銃に弾を込めていたのです。相手が仕掛けてくるまではこちらから攻撃するわけにはいかず、漠然と死を覚悟しました。

相手が銃を撃つなどしてきたならどうするか、とも考えました。そのときに思ったのは、そうなればこちらも応戦するしかないということです。

自分は人を殺せる――とも思い至りました。

相手が誰であろうと、人は殺さないほうがいいのはもちろんです。それでも、戦地、あるいは戦地に準じた場所で自分が殺されるような状況になったなら、殺されないためにも応戦はできると確信しました。今もそうなのかといえば、わかりません。少なくともこのときはそう思ったということです。

私は二〇〇四年から六年半、フランス外人部隊に所属していました。

そのあいだにコートジボワールやアフガニスタンなどに派遣されています。戦争が続いていたアフガニスタンでは最前線における作戦行動にも加わりました。個人的にどれほどのことをしたかはともかく、戦争を経験したわけです。

私が外人部隊に入ったのは戦争をしたかったからなのかといえば、違います。もともとは自衛隊で災害救援に携わりたいと考えていたのにかなわず、生き方に迷っているなかで選んだ道でした。外人部隊に入ろうと決めたときも、戦地に派遣されるような可能性はそれほど高くないのではないかと思っている部分もあったというのが本当のところです。当時、戦火の激しかったイラク戦争にフランスは派兵していなかったのです。

アフガニスタンでは、コートジボワールにくらべてもさらに近くに〝死〟がありました。

私は衛生兵としてアフガニスタンに行きました。衛生兵というと戦場から離れた場所に留《とど》まり負傷者を診ているようにイメージされやすいのだと思います。そうではありません。私の場合、戦場では歩兵として与えられた作戦に従事します。所属している隊が前線に行けば、衛生兵も前線に行きます。そのうえで負傷者が出た際などに救急活動を行うことになります。

「負傷者が出て、衛生班の増援が要請された。出番だ、行くぞ！」

そう言われて、銃撃戦が行われている場所まで駆けつけたこともありました。

連絡を受けた段階ではどのようなケガなのかはわからず、腕や脚などを撃たれたのではないかと思っていました。現場に着くと、一人の兵士が頭を撃たれていました。銃弾が額から後頭部へ貫通し、口から血を泡立たせて苦しんでいたのです。

誰なのかはわかりませんでした。個人の特定はできないほど顔が変形していたからです。一発の弾が頭部を貫通しているほかは外傷がなかったのに、内出血によって目蓋《まぶた》あたりが膨れあがり、顔は原形をとどめていませんでした。頭を撃たれると、ここまで顔が変わるものなのか、と驚きました。助かるような傷ではありませんでした。それでも軍医の指示に従い、その場でやれる限りのことはやりました。戦場でのことです。治療をしている最中にも「コンタクト！（接敵）」という声が飛び交っていたようで、銃声が響いていました。そういうなかにあって、なんとかその兵士を装甲車にまで運び込んだのです。

搬送後の無線連絡によって、初めて彼の名を知ることになりました。同じ中隊に所属するスロバキア人でした。しばらくすると、「ヘリコプターの中で彼は死んだ」という連絡もありました。装甲車でCOPと呼ばれる拠点まで行き、COPから国際部隊病院に搬送しようとしている途中で死亡が確認されたというのです。

私と一緒に治療に立ち会っていた衛生兵は悔しそうに「くそお」と呟《つぶや》きました。

そのときの私は「救えない命もあるのだから仕方がない」と考えました。治療しているときから、さすがに助からないのではないかと思っていたので、よくそこまで頑張ったな、と冷静に受け止めていたのです。残念ではあっても、悲しいとまでは感じませんでした……。

アフガニスタンではそんな経験もしました。

最近は外人部隊に入ることを考える日本人が増えていると聞きます。そういう人たちがどこまで外人部隊を理解しているのかといえば、十分ではない場合が多いのではないかと思います。認識があまい状態で外人部隊への入隊を志願するのは決して勧められることではありません。まずはよく知ってもらいたい。

外人部隊に入ろうといった考えがない人に対しても、外人部隊がどんなところなのかを誤解しないでほしい気持ちもあります。

私のように戦地に派遣される場合もたしかにあります。しかし契約期間中、一度も戦地に派遣されないでいる部隊兵も少なくありません。戦地に派遣される場合にしても、在籍しているあいだのごく限られた期間だけです。それ以外の時間はどのように過ごしているのかといえば〝鍛錬と我慢の毎日〟です。大抵の人のイメージとは程遠いと思います。多くの時間は、掃除などをはじめとした雑用をしているのが現実なのです。

外人部隊とは何か?

それを正しく理解してもらうためにも、戦地にいるよりはるかに長い日常の時間についても知ってもらいたいと思います。

身近なところに戦争はあります。しかし戦争がすべてではないのが外人部隊です。

目次

第4章　自分は人を殺せるのか　157

第1章　「戦場」を経験するということ

●パリからアフガニスタンへ

二〇一〇年一月十四日、フランス軍の旅客機エアバスA320に乗って、パリのシャルル・ド・ゴール空港を発《た》ちました。向かった先はアフガニスタンです。

シャルル・ド・ゴール空港のロビーでは、一般の観光客と同じように飛行機の出発時間を待ちます。迷彩服を着た我々一団がいても、とくに関心を持たれもしなかったようです。日本人のカップルが幸せそうに食事をしているところも見かけられ、日本に帰りたいな、という気持ちになりかけました。

アフガニスタンではどれくらいの危険が待っているのか？

生きて帰れないようなことはあるのかどうか？

そんな不安もあったのは確かです。

それでもパリを発ち、アブダビ経由でアフガニスタンの上空にまで来てしまえば話は別です。雪に覆われた山々が連なっているのが見えてきた頃には不安よりも高揚感のほうが大きくなっていました――。

●「外人部隊」とは何か？

二〇〇四年十月に私はフランス外人部隊への入隊を果たしました。

そもそも「外人部隊とは何なのか？」という疑問を持たれている人もいるかもしれないので、簡単に説明しておきます。

フランス外人部隊は、フランス陸軍に属し、主にフランス国籍を持たない外国人志願者から構成される軍隊です。現在は、百か国以上の国から志願してきた八千人ほどの兵士で構成されています。

その歴史は一九世紀にまで遡《さかのぼ》ることができ、果たしてきた役割は時代によって異なります。かつてはインドシナ戦争、アルジェリア戦争などに派遣され、植民地や旧植民地などにも駐留していました。近年でいえば、このアフガニスタン派兵も主要活動のひとつです。スマトラ沖地震では災害援助活動も行ったように派遣先は戦地ばかりとは限りません。

外人部隊と聞いて、ならず者ばかりが集まった傭兵《ようへい》部隊というイメージを持つ人も多いのだと思います。だとすれば誤解です。

基本的に過去は問われないので、さまざまな事情を持つ人間が集まってくるのは事実です。しかし、面接や試験によって、入隊が許される者は絞られます。現在、その採用倍率は十倍近くにもなるほどの狭き門になっています。

また入隊した者はすぐに戦地に派遣されるのかといえば、そんなことはありません。入隊すると、まず四か月間の基礎教育訓練を受けることになり、その後に所属部隊が決まります。配属された先の部隊でも訓練は続きます。

戦地などに派遣されない限りは、訓練のほか、基地警備などの任務や「コルヴェ(Corvée)」と呼ばれる掃除等の雑用が日課となります。

除隊後の恩給制度もあるなど、福利厚生面もある程度、整備されています。そのため〝就職先〟としても選択肢のひとつになり得る組織といえます。

私がどうして外人部隊へ入ることを決めたのか？

外人部隊に入る場合、志願から基礎教育訓練、部隊への配属までの流れはどうなるのか？

そうしたことについては、あらためて次章からまとめていきたいと思います。

次章から先に読んでいただいても大丈夫ですが、この本では多くの人に関心を持ってもらいやすいだろうアフガニスタンでの日々から回顧していくことにします。それによって外人部隊の性質や、現代において戦争に行くということがどういう意味を持つのかがイメージしてもらいやすいと考えるからです。

アフガニスタン戦争（アフガニスタン紛争）は、二〇〇一年九月十一日に起きたアメリカ同時多発テロ事件をきっかけに起きています。アフガニスタンのタリバン政権が、事件を起こしたテロ組織アルカイダを庇護《ひご》して、アルカイダの指導者であるビン・ラディンの引き渡しに応じなかったことから戦闘へと発展しました。国連はＩＳＡＦ（International Security Assistance Force＝国際治安支援部隊）を組織しました。

アメリカ軍とイギリス軍を中心にした空爆などによってタリバン政権はこの年のうちに崩壊しましたが、その後も紛争は続きました。私が派遣された二〇一〇年にしても大規模な戦闘は各地で行われていました。アルカイダの指導者であるビン・ラディンの死亡が確認されたのは翌二〇一一年のことであり、今なお紛争は続いています。

●「一年間、戦死者は出なかった」

アフガニスタンのバグラム空軍基地に着いたのは日没の頃でした。

基地内には多くの軍用機が駐機していたので、その光景を見ただけでも戦地に入ったことが強く実感されました。

フランス軍のトラックで兵舎へと移動しました。金属の骨組みに頑丈な防水シートを被《かぶ》せた巨大なかまぼこ型テントのような建物でした。兵舎内にはずらりと二段ベッドが並んでいました。三百人くらいは収容できると思います。

我々はそこに二泊することが決まっていました。

バグラム基地では、アメリカやイギリス、チェコ、ヨルダン、ポーランド、エジプト、ルーマニア、ラトヴィア、韓国などの兵を見かけました。アフガニスタン戦争では、こうした有志国がISAFに参加して、アフガニスタンの国軍（Afghan Armed Forces）や国家警察と連携してアルカイダやタリバンなどと戦っていたのです。

ISAFはアフガニスタンを首都圏と東西南北の五つの地域に分けて、各地域ごとに指揮を担当する国際部隊を割り振っていました。私たちが派遣されたのは東部地域で「RC―E（Regional Command-East）」と呼ばれます。当時、RC―E全体の指揮をとっていたのは、アメリカ陸軍の第八十二空挺《くうてい》師団でした。

アメリカ兵と話をする機会もありました。最初に話した相手は一年間の任務を終えた歩

アフガニスタンを輸送用ヘリの後部ハッチから眺め下ろして

兵部隊の兵士で、これからアラスカの駐屯地に帰還するところだということでした。「何度か戦闘はあったけど、戦死者も戦傷者も出なかったよ」と教えてくれました。

その言葉を聞いたときには、自分たちも結局、それほど危ない状況に直面することはないのかな、と思ったものでした。

私の場合、アフガニスタンには派遣されないまま外人部隊における最初の契約期間である五年が終わる予定でした。しかし自分の所属する中隊にアフガニスタン派兵の予定が入ったため、自ら志願するかたちで契約を延長して派兵に加わることを決めたのです。その理由をうまく説明するのは難しいのですが、戦地を経験したいという気持ちもありました。それでいながら心のどこかでは、直接、戦闘に加わることがないまま過ごせるかもしれないと考えていたのです。矛盾しているといえば矛盾しています。〝自分が死ぬかもしれないこと〟と〝人を殺してしまうかもしれないこと〟は簡単に割り切れるものではないので、さまざまな葛藤《かっとう》があるのも自然なのかもしれません。

●バグラム基地兵舎での感動！

言葉を交わすことができたアメリカ軍の兵士たちは誰もがフレンドリーで好感が持てました。それでもやはり、違う軍隊がひとつの兵舎で過ごしているわけです。同じ組織のなかでも感情の行き違いなどはあって普通なのですから、摩擦もあったのだと想像できます。宿舎近くのトイレの壁に「フランス軍のパラシュート部隊はクソだ！」と英語で書かれているのを見つけました。私が所属しているのもパラシュート部隊であり、ズバリ、我々のことを言われたわけです。そういう書かれ方をしているのは残念でした。

しかし、その横には「相手をよく知るまではクソかどうかはわからない」、「書くことに気をつけろ！　キミはアメリカを代表しているのだから」とも書かれていました。タチの悪い落書きがあっても、簡単に塗りつぶしてしまうのではなく、意見をぶつけていくとい

バグラム空軍基地でふるまわれた食事

うのはアメリカらしいところです。アメリカ軍兵士の良識の高さがわかり、彼らとはうまくやっていけるように思いました。

この基地では食事がおいしかったのも驚きでした。ハンバーグやフライドチキン、パスタやライスなど、メニューが豊富で自由に選べるようになっているうえ、サラダやフルーツやデザートも好きなだけ取れるようになっていたのです。

この後に移動したＦＯＢ（Forward Operating Base＝前方作戦基地）でも、バグラム基地ほどではないにしても、十分、贅沢《ぜいたく》な食事ができました。いろいろな種類のサラダを食べられたのも予想外のことでした。私たちの仲間のなかには「フランスに帰ったら、いつもの食堂で出されるものが食べられなくなるぞ」と冗談を言う者もいたほどです。

とにかくバグラム基地の食事は抜群だったので、そんな言葉が飛び出したのもわかります。私たちはふだん、いかにも野菜不足になりがちな食生活を送っていたので、サラダが豊富なのはとくにありがたかったのです（私が除隊した数年後にフランス国内の駐留地の食堂にもサラダバーができたという話を聞きました）。

バグラム基地の兵舎には不満のない食堂があるうえに、世界的に展開しているファストフード店も二十四時間体制で営業をしていました。スーパーマーケットのような店もありました。さまざまな国の民間人が、料理や販売、運送や清掃といったロジスティック（兵《へい》站《たん》業務）に関わっていたのです。

●命を守るヘルメット

バグラム基地の兵舎で二泊したあと、ＦＯＢへ移動することになります。

アメリカ軍の輸送用ヘリでの移動でした。途中で不測の事態が起こるかもしれないということで一時的に貸与されるヘルメットとアーマー（防弾チョッキ）を着用し、不時着したときなどに備えて銃には弾薬を込めました。戦場で前線に行くというのはそれだけ緊張感が求められることです。

それでも、空の上から見たアフガニスタンの自然は素晴らしかったです。荒野や川、遠くの雪山など、大自然の調和が美しく、そんな光景を見ることができたのは感動でした。目的の「ＦＯＢトラ」までは三十分ほどでした。着陸したのは、ＦＯＢトラの五〇メートルほど手前にあるヘリポートです。

私たちと入れ替わりのようにして、フランス外人部隊のうち先にアフガニスタンに派遣されていた部隊が引き揚げるために集合していました。六か月の任務期間のうちにやはり戦死者は出なかったということでした（車両《しゃりょう》事故による死者は発生しました）。

ＦＯＢトラに入ると一時的に着用していたヘルメットとアーマーを脱いで返却し、アフガニスタンでの任務用に新たに採用されていたヘルメットとアーマーを受け取りました。聞いたところによると、そのヘルメットがフランス軍兵士の命を守ったケースもあったようです。

一人の兵士が装甲車のハッチから上半身を出していたところで頭部を撃たれたといいます。血が噴き出したので、本人も焦ったはずですが、命は助かりました。弾丸がヘルメットを貫こうとした際に軌道が変わり、ヘルメットの内壁をなぞるようになったので、頭蓋《ずがい》骨《こつ》を撃ち抜くのではなく頭皮をえぐるだけで済んだというのです。出血はおびただしくても脳は守られました。ヘルメットの重要性がわかる話です。

●「訓練が厳しければ、実戦がラクになる」

私たちはFOBトラを六か月間の拠点にする予定になっていました。

FOBトラの周囲は「バスチョン・ウォール」と呼ばれる防壁で囲まれており、要所要所に配置された見張り台には交替制で兵が立っています。

前線の基地なので、天幕の中で雑魚寝《ざこね》するような野営に近い生活を覚悟していました。しかし、FOBトラの兵舎はレンガ造りの長屋になっていました。建物の中には細長い廊下があり、その左右に二段ベッドのある二人部屋が十室並んでいます。一つの兵舎が二十人収容できる、それなりにしっかりした施設になっていたのです。

隣の部屋とのあいだの壁は薄く、廊下との境にはカーテンしかありませんでした。それでも、ひと部屋が三畳ほどあり、ベッドはマットレス付きのものでした。

食堂で出される食事が満足できるものだったというのは先にも書いたとおりです。私の兵舎から一〇メートルほどしか離れていない場所にはトイレとシャワーもありました。フランスでは、私たちの小隊のシャワーは真冬であってもお湯が出ないことがあったのに、ここでは問題なくお湯も出ました。

戦地であることを考えれば、驚くほど不自由の少ない生活環境だったのです。

私が所属していたのは、「第二外人パラシュート連隊（2REP）」といいます。

その名は世界的にも知られていて、「REPは立派に戦う」との評判も高くなっていました。そうした見られ方をされていることにしても、ふだんから私たちが、あまくない環境に身をおき、厳しい訓練を受けているからだと思います。

「訓練が厳しければ、実戦がラクになる（Train Hard, Fight Easy）」という言葉があります。それだけのことはやっているという自負もあります。

FOBトラはもともとイタリア軍の小さな基地だったものを、二〇〇八年からフランス軍が引き継ぎ、規模を拡大しました。

私たちが派遣された頃には六百人を収容できる施設になっていました。敷地内には作戦会議室や通信室、トレーニング設備、売店やバーなどもあります。アメリカ軍のための区域もありました。

食堂ではアメリカの特殊部隊に所属している兵士の姿も見かけました。私たちの多くは憧憬《しょうけい》のまなざしを送りました。どうしてかといえば、特殊部隊に入るための試験やそこで受ける訓練がいかに厳しいものであるかを理解しているからです。

●FOBとCOP

FOBトラを拠点とした私たちの任務は、テロリストたちが潜んでいると考えられる場所をパトロールしたり、新たなCOPを築いていくことでした。

FOB＝Forward Operating Base（前方作戦基地）に対してCOPは「Combat Outpost」の略になります。前哨砦《ぜんしょうとりで》というような意味合いです。FOBよりは前線に近く、防壁はあってもしっかりした建造物はなく、天幕暮らしになる場合が多いです。

東部地域であるRC―Eでフランス軍はカピサ州とスロビ地区を受け持ち、そこで活動するフランス軍は「タスクフォース・ラ・ファイエット」と呼ばれていました。その傘下にある「タスクフォース・アルトー」と呼ばれるグループに私は所属していました。このグループには私がふだん所属しているパラシュート連隊から五百名ほどが派遣されていました。

運転手を務めた装甲車と著者

タスクフォース・アルトーには全体で八百人ほどいました。そのうち二百名ほどはFOBトラから数十キロ北東へ進んだ山岳地帯にある「COPロコ」に駐屯していました。FOBトラにくらべれば危険度が増し、施設も十分なものではなくなります。

パラシュート連隊のなかにも中隊、小隊があります。アフガニスタンでの私は、ふだん所属している戦闘小隊を離れ、「医療班」の装甲車運転手と衛生兵を兼任することになりました。

どうしてかといえば、「特技課程」(専門職種)として私は衛生兵としての訓練を積み、さらに装甲車の免許を取得していたからです。このあたりのシステムについてはあとでも解説します。自分の希望が通る場合とランダムに近い場合があり、兵士ごとにそれぞれの役割が決められていくのです。

医療班のなかで装甲車の免許を持っていたのは私だけだったので、運転手になりました。正直いえば、嬉《うれ》しくはなく、面倒だな、という感覚でした。日頃からともに行動している小隊で、よく知る仲間たちと任務に就きたい気持ちもありました。しかし、戦地においてそんなことは言ってられないのは当然です。状況に応じて配置が変わり、役割が与えられるのが私たちの〝仕事〟です。

FOBトラに移った二日目には、翌日から任務に出るということで、一台の装甲車を任されました。「VAB SAN（ヴァブ・サン）」と呼ばれる医療用車両で、後部には救急車にあるような救命設備が備わっています。

同じ班の衛生兵であるミッサニ伍長《ごちょう》とともにこの装甲車に携帯糧食を詰め込むなどして、いつでも出発できるように準備しました。

ミッサニ伍長はアルジェリア人で、私より三年あとの入隊でした。入隊して二年数ヶ月でアフガニスタンに派遣されたわけです。何年目に派遣されるか、まったく派遣されないかは人それぞれといえます。ミッサニ伍長はアルジェリアでは獣医の勉強をしていたということで、衛生兵に向いている基礎知識を備えていました。正義感が強く倫理観も高いうえに、強靭《きょうじん》な肉体にも恵まれた非の打ちどころのない男です。

軍医のプルキエ少佐と看護官のオアロ上級軍曹もこの装甲車に乗ります。

プルキエ少佐はフランス軍の医大を卒業しており、当時は、軍医になって十年の三十四歳。アフガニスタンに派遣されるのは二度目だったそうです。

私たちの最初の任務は「ＣＯＰ42」に行く一団に加わることでした。作戦そのものに参加するというよりは何かが起きたときに備えての同行といえる任務です。

●日本は平和な国、アフガニスタンは戦争の国

ＦＯＢトラからＣＯＰ42までは装甲車で一時間ほどの道のりです。アフガニスタンのテロリストは「ＩＥＤ（Improvised Explosive Device＝即製爆発装置）」と呼ばれる自家製の爆発物を頻繁に使用するので、道中も警戒する必要がありました。

途中で通過した村に住む人たちはアフガニスタンの民族衣装を着ていました。通過する我々をじろじろと見てきます。憎しみの色は感じられなくても、笑顔はありません。こう

した村の中に小銃やロケットを持った敵が潜んでいてもおかしくはないといえます。

幸いなことにこのときは危険なことはないままCOP42に着きました。しかし、道中はどこにIEDがあるかもわからないという意識が強く、とても緊張していました。初めてだったこともあり、着いただけでも、ほっとしました。

COP42はバスチョン・ウォールではなく、有刺鉄線や土嚢《どのう》などで囲まれていて、入り口にはアフガン軍の兵士が立っていました。バリケードの内側には五つほどの天幕がありました。タスクフォース・アルトーとは別のグループのフランス軍兵士もいました。


このときの私たちには、COP42における任務はなかったので、COP内で待機することになりました。

ある程度、自由にしていてもよかったので、駐留しているフランス軍の兵士とも話をしました。辺りの村には敵はいるのかを聞いてみると、次のような答えが返ってきました。

「たくさんいるよ。このCOPより北に行けば、必ず銃撃を受けることになる。ときどき、夜には村からロケット弾が飛んでくる。村のモスク（イスラム礼拝堂）のそばから撃ってくるから、中に武器を隠しているんだと思う。周辺には民間人も住んでいるから反撃するわけにはいかないんだ。でも、ロケット弾がＣＯＰ内に落ちたことはないから気にしてないよ」

自分たちが前線にきているのだということをあらためて実感できる言葉でした。

ＣＯＰ42にはアフガン軍の一個中隊が駐屯しているのに、フランス軍の兵士は六人しかいませんでした。この六人の兵士たちはアフガン軍を訓練したり指導するのが任務になります。ＯＭＬＴ（Operational Mentor and Liaison Team＝作戦訓練チーム）と呼ばれます。

フランス兵と話したあとにアフガン兵のいる小屋に行くと、昼食をふるまわれました。肉やジャガイモが入ったスープのようなものをナンやご飯に載せるようにして食べます。

ひとつの皿に盛られたおかずをみんなが手づかみします。「スプーンを使うか？」とも聞かれましたが、私も彼らの作法にならって手づかみで食べました。正直いって、下痢になることくらいは覚悟しなければできないことでした。しっかりと衛生面が管理されているかは疑わしい場所でつくられた食事です。彼らがちゃんと手を洗っているかどうかもわかりません。それでも味は日本の肉じゃがに似ていて、とてもおいしかったです。

このとき会ったアフガン兵のなかには英語がわかる人間もいたので、しばらく話をしました。そのとき「アフガニスタンは好きか？」と聞かれたので私は答えました。

「好きだよ。山が美しいから。日本もアフガニスタンみたいな山国なんだ」

すると、こう返されました。

「日本は平和な国、アフガニスタンは戦争の国（Japan is Peace Country. Afghanistan is War Country）」

その平和な国で生まれ育った私がフランス外人部隊に入り、戦争をするためにアフガニスタンに来ていたわけです。この言葉を聞いたときには胸が締めつけられました。

「今のアフガニスタンは戦争中だけど、いつか発展していい国になるから、希望を捨てるなよ。日本だって第二次世界大戦のあとは、外国に占領されていたけど、やがて発展したんだから。アフガンだってそうなれるさ」

正直にいえば、本当にそう思えていたわけではありませんでした。それでも彼らを励ましたくてそう言ったのです。「日本も本当にひどい状況だったんだよ」とも付け加えました。すると、英語がわかるアフガン兵から私の言葉を訳してもらった炊事兵は声をあげました。

「ヒロシマ！　ナガサキ！」

アフガニスタンという戦地で聞いた忘れられない言葉です。

●威嚇射撃の是非

最初の任務は危険がないまま済みました。運転しているうちは周囲を警戒する意識が強かったので、とても緊張していて疲れました。それでもCOP42でアフガン兵と交流ができたことは嬉しかったものです。

その後もCOP42へは何度か往復しています。首都カブールの国際部隊基地への物資輸送をエスコートするなどといった任務もありました。しかし、最初の一か月は危険な状況を迎えることはなく過ぎていきました。

その頃にFOBトラでは、ちょっとした議論がありました。

歩哨所で警備に就いていた兵士が不自然な様子のアフガニスタン人を見つけた際、追い払うために威嚇射撃をしていいかと迷うことがあったのです。

あとから上官に確認したところ、そうした際にも絶対に発砲してはならないということだったのです。

そのとき警備に就いていた兵士は「もしあのアフガニスタン人がRPG（携行型対戦車

ロケット）などを取り出してこちらに向けて発射していたら、どうなったと思う？」と納得がいかない顔をしていました。

ドラマなどでよく聞かれるセリフのようにこんな言い方もしていました。

「こういう規定は、現場を知らないお偉いさんがエアコンがよく効いたオフィスで決めてるんだから現実的じゃないんだ」

彼の言いたいことはわかります。ただ、それに同意はできません。

どうしてかといえば、私たち兵士の仕事とは「オフィスのお偉いさん」が決めた規定を守り、それにもとづく命令に従うことだからです。その範囲内で自分なりのやり方などを考えるにしても、そこから逸脱することは許されません。

規定に従い戦死することになったとしても、ある意味、仕方がないのだと思います。

威嚇射撃が禁止されていることについても、理解はできます。威嚇した相手が民間人である可能性を考えれば、簡単に発砲はできません。現地の人たちとは良き関係を築くべきなのは当然だからです。現地の人たちがＩＳＡＦに対して悪感情を持ったりすれば、フランス政府にとってもマイナスになります。私たちは好き勝手に武器を使って戦うために派遣されているのではないのです。

●自分が死んだなら……

この頃から私たちの任務は危険性の高いものになっていきました。

それまでにも何度か行っていたCOP42の北側には敵が潜む村があります。ドローン（無人偵察機）によって、その村には少なくとも二十人は敵がいることがわかっていました。装甲車でその村に近づき、相手の反応を確かめることになったのです。

「作戦地域には民間人も多く住んでいる。民間人を撃ってはいかん。発砲することになっても、やみくもに撃つな。標的の位置が不明なら撃つな。撃つときは、弾がどこへ飛んでいくか把握しながら撃て」

こうした注意も受けました。

基本的には攻撃を受けた場合に限って応戦してもいいということで、民間人などは絶対に誤射してはならないということです。

「民間人に犠牲者が出たら、我々の負けだ」とも念押しされました。

アフガニスタンにおけるフランス軍のスタンスだといっていいでしょう。それにはやはり従うだけです。

こうした姿勢を貫けば、危険が増すのは否めません。自分が戦死した場合についても想像しました。あらためて死というものが現実感を持って迫ってきたといえます。

自分が死んだら、家族や親友たちはどう感じるだろうかと考え、家族や親友たちと会えなくなるのは嫌だと思いました。そして、結婚していないにもかかわらず、子供を残しておきたかったという気持ちにもなりました。ただ、それに関していえば、ここで死んで悲しませるくらいなら、妻も子もいないほうがよかったのだと思い直すことができました。

〝医療班としての役割に従事するだけでなく、戦闘に参加することになってもいい〟

そういう気持ちも強くしていました。そのための訓練を受けてきたのだから、それができる、という自負もあったのです。「はじめに」で書いたように、いざとなれば、自分は人を殺せるとも思っていました。その覚悟がないままで戦場に入れば、殺されるのをただ待つようにもなりかねません。

恐怖心と興奮という二つの感情が自分の中に共存しているのを知り、そのバランスをうまく取りたいとも考えました。

恐怖心にしても興奮にしても、大きくなりすぎれば問題です。目の前に誰かが現われたときなどに冷静な判断ができず、民間人を撃ってしまうことなどにつながりかねません。

逆に適度の恐怖心と興奮を持ち合わせていれば、無謀なことはせず、かといってひるんでもしまわないのではないかという気がしました。

家族や親友に会いたいとか、敵を倒したいといったことはあまり考えず、とにかく自分の任務に集中して、「与えられた仕事を果たそう」と決めました。その点でブレずにいれば、仮に失敗したときにも「やるべきことはちゃんとやったんだ」と納得できるのではないかと思ったからです。

●戦闘の中で生きる現地の村人たち

敵が潜む村へと近づく任務当日は、午前二時半に起床して、夜明け前の四時半頃にFOBトラを出発しました。二十台くらいの装甲車が長い車列を成していました。

幹線道路を走っているときは道路交通法も守ります。ライトは点灯しておき、方向を変えるときにはウインカーを出します。約一時間走ると目的の村に近づきました。

ライトを点《つ》けていればすぐに接近を知られてしまうので、幹線道路を外れたあとは赤外線ライトに切り替えました。暗視装置（暗視ゴーグル）を使えば、二〇～三〇メートル前方が緑色っぽいモノクロ映像で鮮明に見えますが、肉眼では暗闇にしか見えません。しばらく走って小さな集落を過ぎたあと、車列はスピードを落として止まりました。それぞれの装甲車が役割に応じて作戦開始の準備をしていきます。

空が明るくなると、いよいよ本格的に動き出しました。このとき私たちは危険地帯にまでは入っていかず、負傷者が出た場合に備えて、やや後方に待機しました。

やがて無線からは「コンタクト！」という声が聞こえてきて、それと同時に銃声が鳴り響きました。接敵の起きた場所は見えませんでした。

本当に敵がいて、撃ってくる。それを実感した瞬間でした。

自分たちは戦場にいて戦争をしている。怖いという感覚はありませんでした。無線から銃声が聞こえたあと、少し遅れて実際の銃声が聞こえてきます。そういう時間差ができるくらいだったので、いきなりこちらに銃弾が飛んでくる距離だとは考えにくかったのです。

負傷者が出たときに備えて気を引き締めました。銃撃戦の様子は目視できず、音を聞いて何が起きているかを想像するだけでした。もどかしくはあっても、ここで待機していて負傷者が出た場合に備えておくのが役割なんだと自分に言い聞かせました。

銃声だけではなく大きな爆発音も聞こえてきました。無線のやり取りを聞いていて、敵がＲＰＧ（携行型対戦車ロケット）を発射したのだとわかりました。そのＲＰＧは、兵士や装甲車には当たらずに爆発しました。

あとから聞いたところによると、ＲＰＧがさく裂した地面には直径一・五メートル、深さ一メートルのクレーターができていたそうです。それを見た兵士は「ここの地中は石だらけで硬いのに、あれほど大きな穴があいた。あんなのが装甲車に命中したら絶対に助からない」と言っていました。実際はどうなのかはわかりません。その可能性も低くはないでしょう。

やがて銃弾はやみました。やはりあとで聞いたところによれば、この銃撃戦はＯＭＬＴとアフガン軍が村に近づいたことで、相手から攻撃を受けて始まったものだそうです。外人部隊の戦闘小隊は、この戦闘には加わらなかったそうです。

戦闘がおさまったあと、村の中では六十人ほどの武装してない人たちが動き出したことが確認されました。戦闘中は隠れているしかなかった村人たちがふだんどおりの農作業などを始めたのだと考えられます。

村に住んでいる人たちは、自分たちの村が戦闘地帯のようになっても、村から離れようとはしません。それくらいその土地に根付いているのでしょう。銃撃戦などが始まれば台風がきたかのように家の中に隠れ、銃撃戦が終われば、家を出て日常に戻ります。

早い段階で村に入ったことがある兵士に聞くと、村の人たちに笑顔を向けても笑顔を返してくれず、自分たちに対して敵意を持っているようだったといいます。しかし、のちに私が村に入ったときには、笑顔で応対してくれたので、どこかの段階で心を開いてくれたのだと思われます。毛布を配るような民生支援や医療支援をしていたからなのか、私たちが敵ではないことを理解してくれたのだと思います。

やはり先の話ですが、銃撃戦のあとに村のおじいさんがお茶の入ったコップをお盆に載せて私たちに配って歩いてくれたこともありました。テロリストの指示で毒を入れられているかもしれないと思いました。だからといって飲まないでいるのは失礼なので飲もうと覚悟を決めたのですが、私の分はなかったというオチがついたこともありました。もちろん、お茶を飲んだ人たちも無事でした。

●銃撃戦とコーヒー

戦闘がおさまり静かな時間が長く続くと、同じ装甲車に乗っていた看護官や衛生兵のミッサニ伍長らは後部の扉を開けて外に出ました。立ち小便をしたり、携帯コンロでお湯を

装甲車の窓には銃撃戦の跡が残る

沸かしてコーヒーを淹《い》れたりしていたのですから落ち着いたものです。

私も運転席の上にあるハッチを開けて上半身を外に出し、背伸びをするなどして体をほぐしました。そのまま周りに広がる荒野や遠くの雪山を見ていると、突然、遠くから銃声が聞こえてきました。再び村のほうで銃撃戦が始まったようでした。

自分たちのいる場所は大丈夫だろうと考え、そのままでいると、ヒュンという音がして近くに流れ弾が飛んできました。二〇メートルくらいしか離れていないところだったと思います。それが私にとっての最初の直接的脅威でした。しかし、あくまで流れ弾だと判断できたこともあり、恐怖は感じませんでした。

ずいぶんあと、別の作戦行動中には、足元から一～二メートルしか離れていない地面に弾が飛んできたこともありました。そのときも怖いとは思いませんでした。ただし、危険に対して反応はします。その場にいたみんなが伏せて、その後、岩の陰に隠れる行動をとりました。動きのシンクロがおかしくて笑い合いました。

相手の姿が見えず、弾が当たらなければ、意外と恐怖を身近に感じないものなのかもしれません。今の弾が当たっていたら死んでいたかもしれない、というような考え方には、なかなかならないものです。

とはいえ、この村の付近で流れ弾が飛んできたときは、上半身を乗り出しているのはやめて運転席に入りました。外に出ていた二人も車に戻っています。座席ではコーヒーを飲んでいたのですから緊張感はありませんでした。

大きな動きもなく夜になったので、OMLTとアフガン軍はCOP42に帰還しました。

私たちはそのままそこに留《とど》まり、交替制で見張りをしながら夜を過ごしました。夜のあいだも何も起こらず、翌朝四時半頃になってから帰還しました。

これが最初に私が加わった戦闘任務であり、私が所属する中隊は全員、無事でした。

イメージと現実の違いを知った気もしました。敵といえるテロリストと一般の民間人が重なるように存在していることもあらためて確認でき、民間人には被害を与えず敵を排除したいという思いを強くしました。

●戦場で「トイレ（大）」をするということ

この作戦の一週間ほどあとに再び村に近づく作戦行動をとりました。目的はＣＯＰ42のあるタガブ谷の東端に新しいＣＯＰを建設することです。

そのために活動する工兵部隊や輸送部隊が敵から攻撃を受けずに谷を移動できるように、我々、戦闘部隊が楯《たて》の役割を務めます。最初に村へと接近して敵の反応を見たのもこのためといえます。

私たちはやはり明け方にＦＯＢトラを出ました。目的の村のそばに着くと、戦闘小隊などの車両が村に対して横一列に展開し、衛生班や整備班などの車両はその少し後ろに控えました。

敵が仕掛けてくるのが先か、ＣＯＰ建設隊が通るのが先か……。

戦場では待つだけの時間が長くなる場合も多く、このときもそのまま数時間が経ちました。結果として建設隊の通過が先になりました。しかし、それと時を重ねるように村の近くで戦闘が始まりました。このときは銃撃戦のあと、対戦車ミサイルも発射しています。戦闘はおさまっても、私たちは帰還しませんでした。

このときは最初から、その場に六日間、留まることに決まっていたからです。六夜にわたり、装甲車の中で夜を過ごすことになります。

交替で周囲の警戒をしながら、自分の担当ではないときには運転席に座って眠りました。昼は暑いのに、夜は凍えそうなほど冷えました。

翌朝は珍しく雨になり、車内に閉じ込められました。

戦闘がないまま午後になり、雨がやみました。汚い話ですが、現実的なことを書いておきます。このとき私は便意をもよおしました。小便であれば車から出て近くですぐにできてしまいます。しかしこのときは大便をしたくなったのです。そうなるとズボンと下着をおろして、しゃがみこまなければなりません。しかも、アーマーがやや大きかったこともあり、しゃがむためにはアーマーも脱がなければなりませんでした。

戦場でそれをするのはあまりにも無防備です。それと同時に、こうしたことを明るいうちにすると、写真に撮ってからかおうとする仲間が現われることもあるのだから困った話です。そんな災難を避けるためにも夜まで大便は我慢しました。

夕方には大きな爆発音がありましたが、大きな戦闘には発展しないまま夜になりました。それで私はようやく大便に行けたのです。このようなときにも上官に「うんこをしてきます」と伝えてから装甲車を離れる必要があります。

こうした場所で下半身を露出して、しゃがみこんで用を足しているあいだは生きた心地がしません。何度も経験したいことではないのはもちろんです。

●六日でつくられた新COP

四日目の朝を迎え、何もないまま夜になりました。

車内での生活が続いて疲れが溜《た》まっていたので、この夜は許可を得て、車外で眠ることにしました。装甲車のすぐそばに担架を置き、その上にスリーピングマットを敷いて即席の寝床にしたのです。

その夜も見張りの当番はあったので、私は二十三時頃に担当すべき装甲車三台の周りを警備していました。十五分ほど巡回していると、いきなり銃声が聞こえてきました。村のほうから聞こえたので一キロほどは離れていたと思います。それぞれの装甲車に異変を知らせてから、自分の装甲車のもとに戻りました。

そのとき、私たちのすぐそばで淡い赤色に光る曳光弾《えいこうだん》が宙を舞うのが見え、次の瞬間には別の銃弾が撃ち込まれてきました。

私が立っているところから五メートルほどしか離れていない場所に着弾しました。急いで運転席に乗り込み、いつでも発車できるようにエンジンをかけました。外に出してある担架はそのままでした。慌てていたからではありません。担架はいつでも片づけられるので、片づけをしていて自分の役割に就くのが遅れるわけにはいかないからです。

一時間半くらいそのままでいると、中隊長から「必要に応じて装甲車から出てもいい」との無線連絡がありました。私は装甲車から出て、結局、外の担架で眠ることにしました。まったく危険がなくなっていたわけではなくても、四日間の疲れをとることを優先したかったからです。ずっと装甲車の運転席で眠っていれば、さすがに体が凝り固まります。このあとは朝まで発砲もなく、よく眠れたので助かりました。

五日目、六日目と何も起きず、七日目を迎える明け方にその場所を離れてＦＯＢトラに帰還しました。

この段階ではもう新しいＣＯＰは防壁をつくるなどして原型ができていました。敵から攻撃される脅威があるなかでこれだけのスピードで作業を進めることができるのはすごいと感動しました。新しいCOPは「COP46」という名前になりました。

FOBトラに戻り、食堂でスクランブルエッグとカリカリに焼いたベーコンを食べたときには幸せを感じました。ずっと携帯糧食しか食べられない日々が続いていたからです。

●ヘルメットに救われた命

タガブ谷の東にCOP46ができたのが二〇一〇年の三月初めです。その一か月後にはさらに拡張され、FOBトラからも一部の部隊が移動していきました。それにより百人を超えるフランス兵が駐屯する拠点となったのです。

その頃にはCOP46よりさらに北に新たにCOP51が建設され、アフガン国軍の砦《とりで》になっていました。目まぐるしい展開です。

この頃、タガブ谷での新たな作戦に参加するため、COP46へ行くことになりました。

COP46の周囲はバスチョン・ウォールで囲まれていて、敷地内には天幕が立ち並んでいました。とにかく作業が迅速です。

私たちは敷地内に駐《と》めた装甲車の中で夜を明かしました。私は、装甲車の屋根の上にスリーピングマットを敷いて眠りました。夜空が見えて開放的なので、好きな寝方です。

二日後にCOP46を出てタガブ谷東側に広がる荒野に、私たちの中隊の車両群を展開しました。やはり敵の反応を見るのが目的でした。

こうした場合、私たちは時間を持て余すことになるのを覚悟しなければなりません。実際に何時間も動きがないままでした。

「別の中隊でヘルメットを撃たれた者が出た」という無線連絡がありました。しかし、「緊急搬送の必要はない」とのことだったので、重傷を負ってはいないのがわかりました。

その日は結局、日が暮れてきた頃にCOP46に戻りました。

翌日はCOP46よりさらに北につくられたCOP51へ向かいました。

敵が攻撃してくる村に近く、村からは数百メートルほどしか離れていません。丘を挟んだ麓《ふもと》にあるので、その丘が見張り台と遮蔽《しゃへい》物の役割を果たしています。

COP51もバスチョン・ウォールで囲まれていました。我々は中に入らず、村とは逆側にある盆地のような場所に車両群を移しました。

そこには別の中隊も来ており、その中隊の医療班の装甲車が私たちと近いところに駐め

弾痕が残るヘルメット

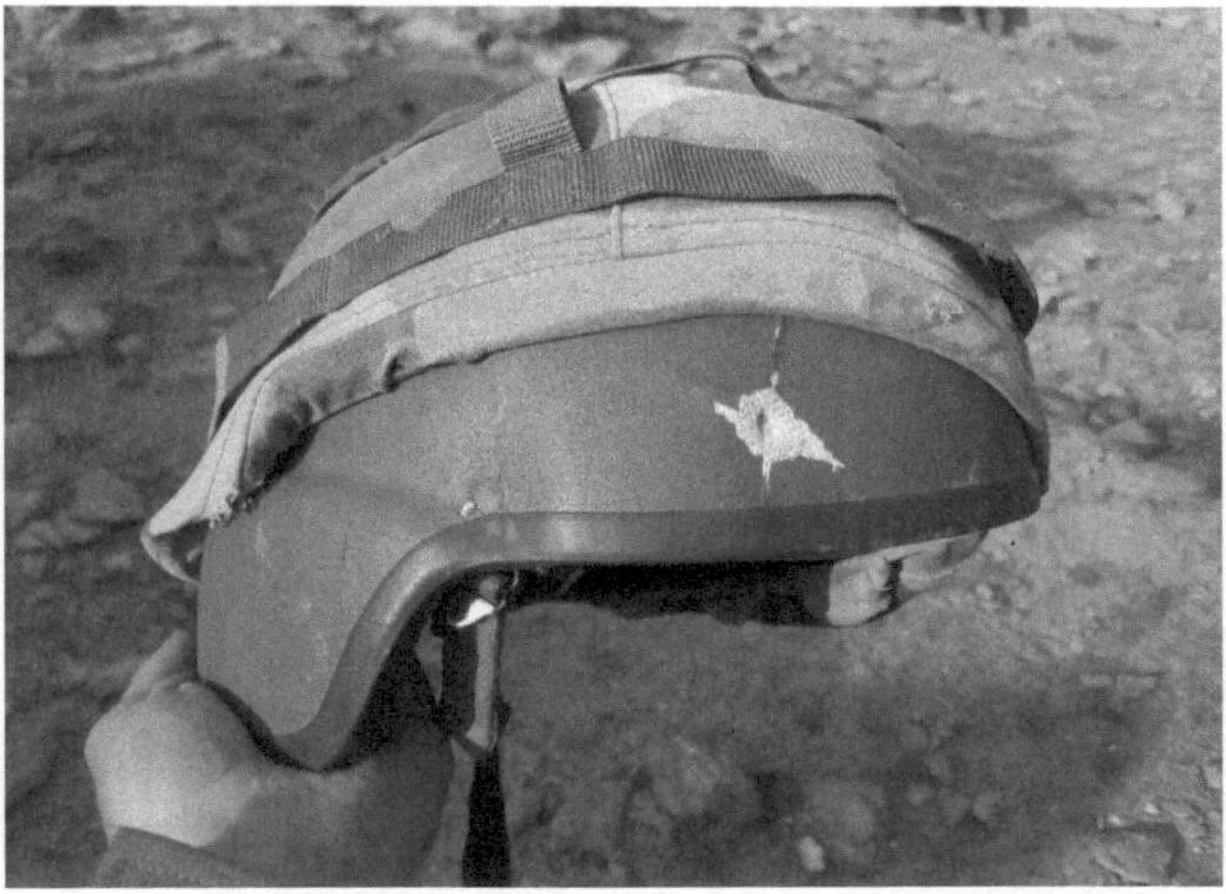

られていました。こちらから挨拶《あいさつ》に行くと、前日に撃たれたという兵士のヘルメットを見せてくれました。

被弾した部分の塗装がはがれ、弾痕《だんこん》がありました。被弾の衝撃でヘルメットは内側に割れ込み、被《かぶ》っていた兵士の額を切り、三針縫うことになったのだそうです。ただし、その弾はヘルメットを貫通しなかったので命が助かったばかりか、緊急搬送も必要ない程度で済んだのです。

撃たれた本人にも話を聞けました。

状況からすると、六〇〇メートルほど離れた場所から狙撃《そげき》されたようでした。ヘルメットのアゴひもは締めていたのに、ひもを固定するマジックテープがはがれてヘルメットが飛んでいったといいます。

「まだ痛いです。吐き気はないですが、めまいはします」と話していました。このときにもあらためてヘルメットの重要性を知りました。頭を狙撃されても、ヘルメットを被っていれば命が助かることもあるのが実証されたのです。

●戦闘班に加わり、パトロールへ

次の日の朝、装甲車をCOP51まで移動して駐車しておき、徒歩で村に入ることになりました。間違いなく敵が潜んでいる村の中をパトロールすることになったのです。目的はテロリストを見つけることです。ただし、フランス軍にはアフガニスタンの民間人が住む住居に入って捜索する権限はありません。家宅捜索が必要になった場合はアフガン国軍が住居に入り、フランス軍は外で支援することになっていました。

装甲車の運転手は車内待機となる場合が多いのですが、私に関しては違いました。私たち医療班全員がパトロールに加わることになったのです。私も必要なものを入れたバックパックを背負い、ファマス（FAMAS）という銃をスリングで首にかけました。パトロールに参加する戦闘小隊が二個あったため、軍医とミッサニ伍長、看護官と私に医療班を

徒歩で村の中をパトロールする

二分して各小隊長とともに行動することになりました。これまでとは違い、かなり危険な任務であるのは自覚していました。

実際のところ、最初から危ない状況に直面することになりました。

まずは村の手前にある遺跡のようなコンパウンド（現地の建物をこう呼ぶ）に入りました。その中を調べているうちに、地面からコードが出ているのを発見したのです。ＩＥＤ（即製爆発装置）である可能性が高かったので、すぐに工兵を呼びました。

少し調べると工兵は「爆薬が見つかった。爆薬の量が多いから、もっと離れないとダメだ！　このコンパウンドから出たほうがいい」と私たちに告げました。

そのとき工兵は、心なしか興奮しているようにも見えました。その心理はなんとなくわかる気がします。常日頃から爆発物を扱う訓練を受けてきて、現場でそれを活かせる喜びがあったからだと思います。

このときは二五キロもの爆薬が発見されました。携帯電話で遠隔操作する仕組みだったので、もし最悪のタイミングで使われていれば私たちは全滅していたはずです。製造過程に不備があったのか、爆発しなかった理由はわかりません。不発に終わってくれたことで助かりました。

こうしたところで不意に人生が終わっていた可能性もあったのです。

コンパウンドを出て、村を目指しました。別の兵士達が先に進んでいた分、私たちの危険は少なかったといえます。役割とはいえ、先頭を行く兵士はかなりの危険と向かい合っていました。出会い頭にテロリストから銃を乱射されたりしてもおかしくはなかったのです。

私たちも村に入り、本格的な捜索を開始しました。どこに敵が隠れているか、わからない状況でした。それでも不思議と恐怖感はありませんでした。

〝仕事をやるんだ！　敵が視界に入れば撃つしかない。負傷者が出たら応急処置を行う。悩むことはない〟

自分にそう言い聞かせていたので、恐怖感がごまかせていたのかもしれません。

そんななか銃声がして、逃げた敵が私たちのほうへ来るかもしれないという連絡が入りました。

このとき私は小隊長のもとを離れて戦闘分隊に移ることになりました。小隊長のそばに衛生要員が集中しているより分散させておいたほうがいいという考えからです。移った先の分隊長の指示に従い、分隊の最後尾につきました。

あらためて進みだしてからも、何度となく銃声は聞こえてきました。次第に銃声は激しくなっていたのです。

●「顔」を失った兵士

「隣の小隊で負傷者が出て、衛生要員の増援が要請された。出番だ、行くぞ！」

分隊長からそう命じられたのはこのときでした。

ケガの状態がどんなものかわからないまま、私は分隊長であるデルトロ軍曹と六人の兵士とともに走りだしました。

負傷者が出たという小隊には軍医のプルキエ少佐と衛生兵のミッサニ伍長がいるはずなので、すでに処置は始めているのだろうと予想できました。それでも増援が要請されたということからも重傷であるのが予想されました。

実際にこのときは一人の兵士が頭を撃たれていたのです。「はじめに」で書いたように、撃たれた兵士は誰なのかもわからない顔になっていました。

撃たれた彼は、両方の目蓋《まぶた》が大きく腫《は》れあがり、紫色に変色していました。息を吐くのに合わせて、鼻の穴、口、そして気道確保のために喉《のど》に開けられた小さな穴からブクブクと血が泡立っていました。左眉《まゆ》の上に二針縫合した傷があったので、そこに弾が撃ち込まれたのだとわかりました。その弾は後頭部まで貫通していました。

あとから聞いたところによると、プルキエ少佐やミッサニ伍長がいる小隊が敵との銃撃戦になり、気がつくと彼が倒れていたというのです。

その後も銃撃戦は続いていました。プルキエ少佐たちは別の兵士に援護してもらいながら負傷兵を診ました。額に射入口があり、後頭部には五百円玉くらいの大きさの射出口があったといいます。パッドを当てるなどして、まずはとりあえずの止血をします。気道に血が入り込んでいたので、喉に小さな切り込みを入れて、気管にチューブを挿し込みます。着ていたアーマーを脱がせて点滴も始めました。

戦闘員に手伝ってもらい、弾が飛んでこないと思われる通路まで彼を動かしました。その移動により、頭部の圧迫包帯も、喉のチューブも、点滴も外れてしまったというのです。愕然《がくぜん》としたはずです。再度、点滴を施し、射出口の縫合を始めました。そうしていると、その場所にも弾が撃ち込まれてくるようになったので、さらに移動しました。それによってまた点滴が外れてしまいました。

そんな状態にあってもプルキエ少佐はあきらめませんでした。射入口を縫合するなど、処置を続けました。

そういう状況の中で私が駆けつけたのです。その後も私たちはプルキエ少佐の指示に従い治療を続けました。具体的な治療内容はここでは書かずにおきますが、やれる限りのことをやったといえます。

担架に乗せ、応援に来てくれた戦闘員と工兵に協力してもらい搬送しました。敵の攻撃を受ける可能性もあるなかで、道とはいえない道を進んでいきました。

三人の工兵が自ら川に入り、胸まで水につかりながらなんとか担架を運んでくれる場面もありました。自ら進んで水につかってくれたのはフランス正規軍の工兵でした。負傷しているのが外人部隊の兵士でも分け隔てなくそこまでしてくれたことには感動しました。そうやってようやく迎えに来た装甲車に担架を載せられたのです。

●救えない命もある

装甲車はCOP51へ向かい、私は自分の医療班の装甲車に戻りました。その段階になってようやく負傷者がハブリック一等兵だったとわかりました。

その後、「ヘリコプターの中で死んだよ」と聞いたのです。

「くそお」と呟《つぶや》いたのはミッサニ伍長でした。

医療班は沈黙に包まれました。

救えない命もある――。

そう考えるしかありませんでした。

救命活動を放棄してもおかしくないほどの重傷を負っていたのに、プルキエ少佐は最後まで処置を続ける決断をして、戦闘員や正規軍の工兵たちに手伝ってもらいながら救命ヘリへ向かう装甲車に乗せたのです。

そこまでやったことにも意味はあると思います。

私がプルキエ少佐を手伝っていたときは、助かるかどうかといったことは考えず、ただ懸命でした。あとから振り返れば、最初から命を助けるのは難しかったのではないかと思います。もし命だけは繋《つな》ぎ止められたとしても日常生活に戻ることはまずできなかったのではないかと推測されます。実をいうと、日本に帰ってからある救命医にこうしたことがあったと話してみたところ、「私だったらもう何もしません」と返されたのです。

助けるのは難しいからといって、救命活動を簡単に放棄していいものかといえば、難しいところです。医療班がどこまでのことをやるかは他の兵士も見ています。もし我々が何も処置をしなかったら、〝自分たちが負傷しても何もしてくれないかもしれない〟と思われ、士気が低下するかもしれません。

ただし、助かるとは考えにくい兵士のためにできる限りのことをやろうとして、他の兵士が犠牲になることは避けなければなりません。そのあたりは難しいところです。ギリギリのところで判断して行動しなければならないのが戦場です。

●「死」の捉え方

亡くなったハブリック一等兵はスロバキア出身で二十三歳でした。フランス軍の戦死者として、遺体を納めた棺《ひつぎ》はフランス国旗に覆われ、アフガニスタンを発ちました。

部隊から彼がいなくなったことについては、長期休暇にでも行ったのかな、というように感じました。個人の死を悼むというよりは〝休暇で不在〟という捉《とら》え方になっていたのです。

もっと親しい人間が亡くなっていたとしても、私の反応は変わらなかったかもしれません。その後にも顔がわからなくなっていた遺体を運んだことがありました。その段階ではやはり誰だかわかりませんでした。あとで名前を聞くと、かなり付き合いの長い兵士だったとわかったことがあったのです。

「彼だったのか……」と残念に思いながらも、悲しみにくれることはありませんでした。

一方、アフガニスタンから戻って私が除隊したあと、外人部隊に残ってアフガニスタンに行っていたネパール人が戦死したと聞かされたときは悲しいと感じました。

そのとき自分が戦場ではなく日本にいたことも関係しているかもしれませんが、そのネパール人とはとくに仲が良かったので、悲しく感じたのだと思います。

アフガニスタンに行く前は、死を恐れている部分はありました。

これ以前にコートジボワールに行った際には、銃を持つ相手と対峙《たいじ》して、死を覚悟するような場面を迎えたこともありました。「はじめに」の最初で書いた場面であり、詳しくは第4章でも振り返ります。

そのときには〝外人部隊になんて入らなければよかった〟と思ったほどでした。それなのにアフガニスタンにいたあいだは自分の死について考えることがほとんどなかったのですから、不思議といえば不思議です。

もしかしたらそこには〝あきらめ〟に近い感情があったのかもしれません。〝考えていても仕方がない。なるようにしかならない〟という感覚になっていたのです。

それは決して部隊兵としての覚悟や忠誠心というような立派なものではありません。ギリギリの状況にあるときには、そういう精神状態にならなければ、恐怖心に押しつぶされてしまいます。そうならないようにするため、そんな考え方になれていたのではないかと自分では思います。

●「日常」への帰還の難しさ

ハブリック一等兵が亡くなったあとにも交戦現場にいたことがあります。見張りとして敵が現われたときに備えて銃を構え続けていたこともありました。そのとき、敵が現われていれば、迷うことなく引き金を引いていたはずです。しかし結果としては、明らかに人に向けて銃を撃つようなことはないままアフガニスタンをあとにしました。

一度だけ危なかったのは、ハブリック一等兵が亡くなったすぐあとのことでした。村から撤収しようとしていたとき、村の中の家屋の扉が突然開いて、人が現われたことがあったのです。驚いて、銃を向けて引き金に指をかけると、立っていたのは何の武器も持っていない現地の少年だったのです。

目を見開いた少年はすぐに家の中に戻りました。誤って撃たずに済んだのは本当によかったです。

アフガニスタンではさまざまな経験をしました。

アフガニスタンでの任務が終わるときには、「もっと、アフガニスタンにいたい」という気持ちにもなっていました。

理由はいろいろあります。世界情勢の中でも〝最前線〟といえる場所に自分がいて、任務を果たしている充実感が大きかったのもひとつです。これまでの私の人生の中でも、このときほど充実した日々を過ごせた時期はほかにありません。

ただし、そうした充実感や集中力はいつまでも続くものではないのかもしれません。

派遣期間の設定も難しいところです。アフガニスタンではＮＡＴＯの基準に合わせて派遣期間を半年としていましたが、四か月くらいが過ぎた頃からピリピリした人が増えていたようにも感じていました。長く戦場にいて、精神面を正常に保つのはそれだけ難しいということなのだと思います。イラクに派遣された自衛官のなかには帰国後にＰＴＳＤ（心的外傷後ストレス障害）に悩む人がいると聞きます。自殺者が出ているとも聞いています。そうなるのはわかる気がします。

アフガニスタンでの任務を終えたあと、我々は、バグラム空軍基地からそのままフランスに帰還するのではなく、地中海のキプロス島のリゾートホテルで二泊してからフランスに戻りました。

心のクーリングダウンを考えて、戦場の任務を終えた兵士たちをリラックスさせるためです。キプロス島ではヨガなどのようなプログラムが用意されていました。

そこまでのケアを考えなければならないことをフランス軍や外人部隊は認識しているのです。

戦場に足を踏み入れ、戦争を経験するというのはそういうことだと思います。

生きて帰ることはできても、心に深手を負いかねないのです。

第2章

外人部隊兵というお仕事——志願からの五か月

●第一歩としての「志願」

時間を巻き戻します。

二〇〇四年十月、私はフランス外人部隊への入隊を志願するため、フランス南西部の都市、トゥールーズの徴募所を訪ねました。

その際の所持金は六十ユーロ。日本円に換算すれば、七〜八千円程度です。持っていた荷物も、着替えの下着など最低限のものだけでした。覚悟を示すために身ひとつで入隊しようとしたわけではありません。入隊を志願すれば、その段階で所持品のほぼすべてが一時的に没収されることを知っていたからそうしただけです。

徴募所はパリなどフランス各地十一か所にあります。そのなかで私がトゥールーズを選んだのは、友人がいたからでした。志願直前まで一緒に過ごすことができ、所持品を預けておけるのは心強かったからです。

志願すれば必ず入隊できるというわけではありません。しかし、入隊が許された場合は当面は外部と連絡を取ることができなくなります。

入隊できた場合は、基本的には五年間、外人部隊の中で生活することになります（入隊

著者

後最初の契約期間は最低五年間です）。休暇はありますが、一定の手続きを経てパスポートを戻してもらうまでは日本に帰国することができないので家族にも会えません。志願をするにはそれなりの覚悟が必要です。

外人部隊での五年間がどんな時間になるかといえば、多くの人が入隊前に抱くだろうイメージとはずいぶん違うのではないかと思います。私自身もそうだったように、イメージとのギャップに戸惑う部分も多くなるはずです。

戦場経験にしてもそうです。私の場合、海外派遣によって戦場、そして戦争を経験しましたが、外人部隊に入った誰もがそうなるわけではありません。戦場に派遣されないまま五年を過ごすことになる部隊兵も少なくはないのです。

その場合、外人部隊の五年間に何があったかということで記憶に残るのは〝厳しい訓練〟と〝常についてまわる雑用＝主に掃除〟ということになるはずです。

外人部隊に入ることを考えている人に対して私はよくこう言います。

「雑用が九割の日々になるので、行くなら、清掃スタッフになるつもりで行くべきだ」

海外派遣によって戦場を経験した者にしても、その期間を除けば、訓練と雑用に追われる毎日に近くなります。それが現実です。

外人部隊の実像を知ってもらうために、この章では、志願から入隊、基礎教育訓練を終えるまでの流れについて解説しておきます。

●自衛隊不合格

私の素性と志願動機についても、ごく簡単にまとめておきます。

私は一九七九年に西日本のある田舎町で生まれました。「よく泣く子だった」と聞かされていますが、自分では概《おおむ》ね普通の子供だったのではないかと思っています。小学校、中学校とやっていた野球では、補欠のキャッチャーでした。

中学時代に英語が好きになったことがその後の人生に影響を与えた部分は大きかったといえます。数学などはまるでダメだったのに英語だけは頑張りました。成績をあげたいというのではなく、英語で外国人と会話できるようになることが嬉《うれ》しかったからです。ALT（外国語指導助手）として学校に来ていた若いイギリス人の先生に、休み時間などにもよく話しかけていました。その先生とは今でも交流があります。十歳ほど年上の女性です。

英語以外でいえば、動物と映画が好きでした。戦争映画も好きでした。そのことが外人部隊の志願につながったわけではありません。高校時代にはいずれハリウッドに行って映画をつくりたいと考えていました。自分の感覚としては、夢というより目標に近かった。実現への手がかりなどは何ひとつないのに勝手にそう決めつけているところがあったのです。

高校を卒業したあとは、警備会社でアルバイトをすることにしました。それにしても、お金を貯めてアメリカに行きたいと考えていたからです。

ただ、それと時期が重なるようにして、もう一つの憧《あこが》れというか、目標を持つようになりました。何かといえば、自衛隊への入隊です。

高校を卒業する頃、自分の国の文化も知らないのに海外への憧ればかりをふくらませているのはおかしいと気がついたのがきっかけでした。日本のことをもっと知りたいと思い、いろいろな本を読んでいるうちに、阪神《はんしん》・淡路《あわじ》大震災における自衛隊の活動について書かれた本に出合いました。それをきっかけに自分も自衛隊に入って災害救援などに携わりたいと考えるようになったのです。

阪神・淡路大震災があったときには中学三年生でした。私の住んでいた地域では大きな被害はなく、自衛隊の活動にまで関心を寄せることはありませんでした。しかし、それから三年以上の時間が経って、本を読むことなどで当時の状況をあらためて理解し、こういう組織の中で自分にやれることをやりたいという気持ちを強くしたのです。

その思いは決して軽薄なものではなかったつもりなのに、かないませんでした。

自衛隊の入隊試験を十五回受けながら入ることができなかったのです。理由はわかりません。英語が好きだった一方、数学や化学などは中学時代からほぼシャットアウトしていたので、試験の成績が悪かったことが原因だったのではないかとまず想像できます。その当時は比較的、自衛隊の人気は高かったので、競争率も低くはなかったのです。それにしてもよく十五回もトライしたものだとは自分でも思います。

高校卒業後は横浜《よこはま》や京都などで独り暮らしをしていました。警備員や交通誘導などの仕事をしたあと、京都の宿泊施設や米軍基地の売店などでも働きました。京都の宿泊施設はバックパッカーズハウスのようなところでした。その宿泊施設も売店も、英語を使えるということが私にとっては好都合といえました。

米軍基地で働きながらも、自衛隊に入りたい気持ちは強いままでした。自衛隊と米軍は同盟関係にあるので、米軍で働けば自衛隊の入隊試験で有利になると考えていたのです。

京都の宿泊施設で働いていたことが外人部隊への入隊につながった部分があったといえます。そこではフランス人の四人組と仲良くなりました。彼らと交流するまではフランス人は利己主義ではないかと勝手にイメージしていたのに、彼らは違いました。非常にフレンドリーで、思いやりがある人たちだったのです。今現在の印象としていっても、彼らに限らずフランス人には、困った人がいればすぐに手を差し伸べるような心温かいタイプが多い気がします。

このとき出会ったフランス人たちとの交流は長く続いています。外人部隊へ入隊志願する際、トゥールーズで貴重品を預けた相手というのも彼らです。

米軍基地で働いていたときにはアメリカ人もフレンドリーなのがわかり、外国の軍隊に対する好感度もあがりました。

自衛隊に入るという希望は持ち続けていながらも、いつからかフランス外人部隊に行くことも考えるようになっていたのです。

外人部隊の存在に気づいたきっかけそのものは覚えていません。ただ、自衛隊の入隊試験があるたびに受けては落ちることがルーティーン化していたなかで〝日本には自分の居場所がないのではないか〟という感覚を持つようになっていました。その感覚が日本を飛び出し、違う国の軍隊に入るという選択肢を持つことにつながった気がします。

●志願前の情報収集と心得

外人部隊に興味を持ち、もっとよく知りたいと思った場合、今ならインターネットを使うなどして情報は集めやすくなっています。しかし私の頃はまだそうもいきませんでした。外人部隊を紹介する本は日本でも何冊か出ていたようですが、私は知らなかったのです。そのため、イギリスで出ているという外人部隊について書かれた本をイギリスから送ってもらいました。辞書を片手に読んだその本が私にとっては貴重な情報源になっていたのです。

もし外人部隊に志願しようかと考える人がいるなら、可能な限り情報を集めて実態をよく知ってからにしてほしいと思います。今回の私の本も、そういう部分で役立ててもらえたなら嬉しいところです。

無知のまま門を叩《たた》くのは絶対に避けるべきです。

私がフランス外人部隊を志願したのは正直なところ、ずっと自衛隊に入れずにいたストレスが大きかったといえます。高校時代の友人たちにも自衛隊に入ると言っていたこともあり、引っ込みがつかなくなっている部分もありました。

私はもともと災害救援をしたかったのであり、戦争に憧れていたわけではありません。外人部隊に入っても戦地に派遣されることにはならないのではないかと勝手に考えている部分もありました。特殊部隊のような訓練を受けたいという希望を持っていながら、自分が戦争に参加することをイメージしていなかったのだから矛盾していました。

「外人部隊に入隊することをあまく考える日本人が増えている」という声もあります。私にもそういう部分がなかったとはいえません。

「あまく考えている日本人はすぐに逃げていく」とも言われるように、どういう目的で外人部隊に入るかは自分の中で明確にしておき、やれる準備はしておくべきです。

そのためにまず挙げたいのがフランス語の勉強です。

私は、初歩的なフランス語の本を買って独学しようとしたものの、結局、挨拶《あいさつ》と一から一〇までの数字くらいしか覚えないまま渡仏してしまいました。

そのことは本当に後悔しています。

フランス語を話せなくてもなんとかならないのかといえば、ならなくはありません。しかし、フランス語がわからなければ（英語も話せないならなおさら）、周囲の誰ともコミュニケーションがとれず、教官や上官が言っていることが理解できません。入隊後すぐ、フランス語の宣誓書や歌などを暗記しなければならないので、フランス語の素養がまったくなければ、かなり苦労することになります。

フランス語の習得を考えるほかでは、最低限の体力も必要です。

入隊時の試験はそれほど厳しくなくとも、その後はなにかと走らされる機会が多くなります。体力、持久力がなければやっていけません。途中で脱落したくないなら、入隊前にある程度の体力をつけておきたいところです。

●飛行機のチケットは往復にすべきか？

お金に関していえば、帰国しようと考えたときにそれがかなう程度の旅費さえあれば、基本的にはそれでいいといえます。

私の場合、十五万円ほど貯めた時点で志願に踏み切りました。

飛行機は往路だけでもよかったのに往復チケットのほうが安かったのでそちらを購入しました。復路のチケットは三か月期限のオープンチケットで、往復のチケット代が十万円ほどでした。

入隊できれば復路のチケットは使わないことになりますが、入隊できなかった場合を考えるならあらかじめ往復チケットにしておくのもひとつの方法ではあります。

チケット代を払って五万円ほどが残ったので、それを持ってまずイギリスに渡りました(往路はイギリス着、復路はフランス発のチケットにしていました)。ずっと連絡を取っていた中学時代のＡＬＴのもとを訪ねるのが目的でした。

しばらく滞在しているうちにイギリス軍に入れないかという考えが浮かび、おそらく門前払いになるだろうと思いながらも徴募所に行ってみました。

入隊するには市民権が必要で、そのためにはまずイギリスに五年住むようにと言われました。一概には括《くく》れないにしても、各国の正規軍に入ろうと考えるならこのような条件が提示される場合が多いのではないかと思います。

その後、観光もしながらパリからトゥールーズへと入り、京都で知り合っていた仲間たちを訪ねました。彼らとしばらく過ごしたあとにトゥールーズの徴募所へ行ったのです。

●志願時には何を持って行けばいいのか

徴募所としては、パリを選ぶ人が圧倒的に多数派になります。志願者が多ければそれだけ心強いことでしょう。しかし私はトゥールーズを選び、友人に免許証やクレジットカードなどを預けておくことにしました。これらのものも一時没収の対象になるはずだからです。

私は六十ユーロを持って志願しました。許されるのは五十ユーロまでだともいわれています。それ以上のお金や貴重品、携帯電話などの機器は一時的に没収されます。できるだけ身ひとつに近いほうがいいとして、逆に必ず持って行くべきものはあるのかどうか？

必携品として挙げられるのはパスポートくらいです（有効期限が六か月以上残っていること。ビザは不要。入国する際は「観光目的」としておいて問題はありません）。パスポートも軍に預けることになりますが、パスポートがなければ志願は受け付けてもらえません。

他に「持参すべき」とされているものは、履き慣れたランニングシューズくらいです。ただし、フランス語の辞書は絶対に持っていくべきです。

私は電子辞書と紙の辞書の両方を携行しました。電子辞書だけでは没収される可能性もあるうえ、電池切れや故障の可能性をも考えたからです。実際のところ、その危惧《きぐ》は半分当たることになりました。それについてはこの後に書きます。

メモ帳とペンも持って行ったほうがいいでしょう。

アラーム付きの腕時計も持っておきたいところです。

他では、絆創膏《ばんそうこう》なども持参していくべきです。私自身、絆創膏を買う機会がないまま靴擦れで苦しみました。

大抵のものは没収されるので、所持品はその程度にしておくのがいいでしょう。下着にしても、基本訓練中は指定以外のものは許されなくなるので、自分好みのものにこだわったりしても意味はありません。

●徴募所での受付

外人部隊は基本的にいつでも入隊志願を受け付けています。自衛隊などのように決まった募集期間があるわけではありません。

フランス大使館のホームページには次のように書かれています（二〇一八年八月現在）。

「入隊志願はパリ最寄りの以下の選抜センターで、24時間年中無休で受け付けています。
Fort de Nogent - Boulevard du 25 août 1944 - 94120 Fontenay-sous-Bois
Tel : (33) 06 48 10 73 97」

二十四時間受け付けているといっても、たとえば夜中に訪ねていって対応してもらえるのかはわかりません。本当に入隊する気があるならそもそもそんな非常識なことはしないほうがいいはずです。

私はたしかお昼前後に事務所に着いたと記憶しています。

トゥールーズの徴募所は、フランスの正規軍の施設の中にあり、友人に車で送ってもらいました。

パリの徴募所はどうなのかわかりませんが、トゥールーズでは英語も通じませんでした。軍の施設の入り口や事務所の担当者に対しては、「彼が外人部隊に入りたがっている」と友人が説明してくれたので助かりました。

その後、私の所持品を調べられました。その段階でも、必要のない物は没収するのではなく、友人たちに渡しておくことが許されました。そのときに電子辞書も友人たちに持って帰るようにと渡されてしまったのです。

それは困ると思った私は、翌日、「電子辞書は自分で持っていたい」と担当者に訴えました。しかし、英語ではこちらの言いたいことが伝わらず、担当者が「電話を使え」と言ってくれたのです。例外的に寛大だったといえます。それで友人に電話して、担当者と友人が話した結果、電子辞書の携帯が許されました。再び持ってきてくれた電子辞書を返してもらうことができたのです。友人たちに会うことはできず、電子辞書だけが渡されました。

こうしたことに関してはケースバイケースになる部分もある気はします。マニュアル本などに何かの携行は許されると書かれていたとしても絶対に許されるとは限りません。逆に、許されないと書かれていても許される場合もあるかもしれません。

とにかくトゥールーズの担当者には英語もほとんど通じなかったので、フランス語が話せない不便さは最初から痛感させられました。

●剝奪される「本名」

入隊を志願すると、そのときから〝本名を剝奪《はくだつ》〟されるのが外人部隊のルールです。

名前だけではなく、生年月日や出身地、親の名前などが変更されて〝それまでの自分とは決別〟することになるのです。

基礎教育訓練が終わって連隊に配属されてから本名に戻る「ＲＳＭ（Régularisation de Situasion Militaire）」という手続きを行います。除隊手続きや恩給の支払いといったことなどのためにも、仮の身分のままで通すわけにはいかないからなのでしょう。

このＲＳＭを行うまでは、別の名前で生きることになります。

ＲＳＭの手続きが済むと、初めてパスポートを返してもらえるので、帰国ができるのはそれ以降となります。

私の場合、志願初日にパスポートを提出した際、いきなり担当者から「今からお前は、ブルース・ノダだ」と言われました。

名前を変えられることはイギリスの本にも書かれていて知っていたので、実は私は自分で新しい名前を用意していました。ちなみにそれは、私が好きな有名人二人から苗字と名前を取ったものでした。リキ・オニツカといいます。

その名にしてもらえないかと頼んでみると、「リキは許してやるが、その苗字はダメだ」と言われてリキ・ノダに落ち着きました。

苗字の変更がどうしてダメなのかといえば、本名と頭文字を揃えなければならないというルールがあるからです。私の本名は「N」から始まるので、ノダならよくても、オニツカでは許されないということでした。Nで始まる別の苗字を提案すれば許可された可能性もあります。とくに思いつかなかったので、ノダでよしとしました。

この本の筆名も含めて、「外人部隊の元隊員」としては現在も野田力で活動していますが、実際はRSMによってこの名は返上しています。それでも、志願した日からRSMが済むまでの四年ほどはリキ・ノダとして生きていました（RSMが済んでも、所属連隊などではそのままノダと呼ばれることが多かったものです）。

名前に関しては、よく無理を言ったな、と自分では思います。普通は担当者から勝手に名前を付けられて、終わりになります。

仲が良かった部隊兵のなかには「K」で始まる苗字だったことから「キモノ」という名前にされた日本人もいました。担当者がKで始まる日本語として「着物」しか思いつかなかったからだと思います。そのため彼は三、四年ほど「キモノ君」として生きていました。

与えられた名前が嫌だからといって、私のようにアピールすることはあまりお勧めできません。それで担当者の心証を害する可能性もあるからです。

●外人部隊入隊の競争率

トゥールーズの徴募所では別の施設に行ってメディカルチェックを受けました。そのほかには何の試験もなく次の段階に進めたように記憶しています。

パリの徴募所でどうなるか私自身はわかりません。しかし、外人部隊の先輩である合田《ごうだ》洋樹《ひろき》さんが書かれた『外人部隊125の真実』（並木書房）によると（ちなみにこの本の中には、私も何か所かに登場しています）、この段階で体力テストなども行われているとあります。

その際の体力テストは、懸垂と二〇メートルシャトルランだそうです。懸垂は最低三～四回できなければなりません。シャトルランは二〇メートル間隔で引かれた二本のラインのあいだを合図に合わせてダッシュするものです。合図に遅れず六パリエ（一パリエが七往復）、走れるかが問われます。こうした基準はいつ変わってもおかしくないので、およその目安として考えておくのがいいでしょう。

メディカルチェックではＢＭＩ（フランスではＩＭＣと呼ばれます）が計算され、二〇

～三〇の範囲におさまることが基本条件となります。ＢＭＩは「体重キロ÷（身長メートル×身長メートル）」です。肥満や痩《や》せすぎでなければ、およそ大丈夫な範囲です。

この後、外人部隊の本部といえる第一外人連隊があるオバーニュに移り、正式に「選抜試験」を受ける運びとなります。オバーニュはフランス南部の町で、マルセイユの近くです。どこの徴募所で志願しても、選抜試験はオバーニュで受けることになります。

徴募所の段階で落とされることもあります。二〇〇九年の例でいえば、徴募所には一万千五百人の志願者が訪れ、選抜試験を受けられたのが五千九百人。最終的に入隊できたのが千四百人だったそうです。

二〇〇九年の場合、選抜試験を受けられるのが二人に一人に近く、入隊できる競争率は最初の志願者からみれば八・二倍だったことになります。

私がトゥールーズで志願した際には、同時期の志願者が私を入れて五人で、全員がオバーニュの選抜試験に進めました。パリなどでは志願者が多いのでそこでまずふるいにかけられるのに対し、トゥールーズなどではそれがないということなのかもしれません。

多数派に合わせてパリで志願するか、トゥールーズなどで志願して少数派になるか……。

それぞれのメリット、デメリットがあるといえそうです。

●常について回る「掃除」や「雑用」

トゥールーズの徴募所では事務所の裏手に小さな宿泊所があり、そこに四日、滞在しました。メディカルチェックを受けたりしたほかは時間が空くことになります。その時間を自由にしていられるのかといえば、そんなことはありません。ときどき呼び出されては、掃除などの雑用が言い渡されました。着いた当日からそうでした。

掃除や、皿洗い、草むしりなど雑用は、この先もついて回ります。

「掃除をするために外人部隊に入ったわけではないのに……」と悩むことになってもおかしくないほどです。

さまざまな施設を管理していくためにはそれだけの人員が必要なのでしょう。志願者や新人兵に暇な時間を与えず、軍の生活に慣れさせるという意味もあるのかもしれません。

この雑用に対しては手当が出ます。選抜試験の途中で辞退したり、採用されない結果に終わった場合などには、何日いたかに合わせて支払われます。タバコなどの嗜好《しこう》品を買える程度の額だと考えておくのがいいでしょう（私はタバコは吸わず、酒もほとんど飲みません。飲めないわけではなく、おいしいと思わないのです)。

徴募所に留《とど》まるのはケースバイケースで数日程度となります。

私の場合、月曜に徴募所に行き、その段階で志願者はもう一人いました。そして木曜まで待って志願者が五人になったところで、担当者とともにオバーニュまで夜行列車で移動しました。数人レベルになるまで待っていたのだと思います。

このときの五人は、私のほかにはイラク人と中国人、そしてフランス人が二人でした。フランス人であれば外人部隊ではなくフランス軍にも入れるのですから、さまざまな事情や考えがあるのでしょう。

外人部隊にはフランス人もそれなりにいます。フランス軍を辞めてから外人部隊に入り直したフランス人ともオバーニュで一緒になりました。ただしフランス人たちは書類上、カナダやスイスなどフランス語を話せる国の国籍に変えられます(日本人の私も出身地は変えられましたが、国籍は日本のままでした)。

私たち五人は揃ってオバーニュに行けたものの、最終的に入隊できたのは私と中国人の二人だけになりました。フランス人のうち一人は体力テストで落とされ、もう一人は自分から辞退したようです。イラク人が落ちた理由はわかりません。中東出身の部隊兵もいたので、国籍は関係ないと思います。

●オバーニュの選抜試験

第一外人連隊があるオバーニュでは、着いてからの二週間で、面接や適性検査、健康診断などが行われます。

私の面接は、日本人が担当してくれました。志願者に合わせて、ある程度、対応してもらえるようです。私たちのときはモンゴル語担当がいなかったので、モンゴル人は英語で面接を受けたと言っていました。可能な範囲で対応してもらえるということなのでしょう。

モンゴル語がそうだったように都合がつかない場合もあると考えておくべきです。日本語にしてもそうです。私の面接を担当してくれたのは、先輩となる日本人部隊兵でした。そういう人がいなかったときには英語かフランス語の面接になる可能性もあるはずです。

面接では健康面のことや経歴、家族構成、犯罪歴、酒やタバコの嗜好などを質問されます。基本的に嘘はつかず正直に話しておくべきです。

ただ私は、自衛隊に何度も落ちていたことだけは隠しておき、海外で何かをやりたかったということを志願動機として話しました。

学科試験のようなものはなく、知能テストと心理テストがありました。こうしたテストについても日本語で問題が書かれたものが用意されていました。

オバーニュの選抜試験では多くの志願者が落とされます。

体力テストを通過できないなど、理由はいろいろです。犯罪の容疑があって警察に引き渡された人などもいました。警察から逃れる目的で外人部隊に入ろうとする人がいても、外人部隊はそういう人間を匿《かくま》おうとはしません。警察の照会などにも協力的です。

ただし、犯罪歴があっても、刑期を終えていれば問題視されない場合が多いようです。犯罪歴がありアメリカ軍には入れなかったというアメリカ人もいました。その意味でいえば〝人生のセカンドチャンス〟を与えてくれる組織といえます。

体力テストでは、十二分間に二八〇〇メートル以上を走れるかが問われました。私は三一五〇メートル、走りました。体力テストで落ちたフランス人は柔道の経験者で体力がありそうだったのにダメでした。筋肉量が多すぎたためか、走るのが苦手だったようです。

体力テストの基準などについては変わる可能性は常にあります。

十二分間に三キロ程度走れるかを確認しておくほか、懸垂や腕立て伏せ、腹筋、スクワットなどはある程度の回数、こなせるようになっておくのがいいでしょう。それくらいのことができなければ、仮に選抜試験はクリアできたとしても、その後の訓練などには耐えられなくなるのは目に見えています。

●軍の生活と雑用の日々

こうした面接やテストが二週間休みなく行われるのかといえば、そうではありません。駐屯地内には志願者用の区画があり、その裏にはちょっとした広場があります。そこが日中の待機場になり、かなりの時間をそこで過ごすことになります。

オバーニュに着いた当日からそうでした。まず下着やジャージが支給されるので、それまで着ていたものはすべて脱いで着替えます。その後すぐその広場へ連れて行かれました。

広場にいると、時おりサイレンが鳴るので、その際には決まった場所までダッシュして整列します。オバーニュに移ってからも雑用の日々は続くのです。

するると、「誰は適性検査で、誰はどこどこでの雑用」というように言い渡されます。オバーニュに移ってからも雑用の日々は続くのです。

サイレンが鳴らされても、すべての者に役割などが振り分けられるわけではありません。何人かずつピックアップされていくことになります。

起床が五時半で、食堂で朝食をとったあとに広場へ行き、自分が呼び出されるのを待ちます。なかなか呼び出されずに夕方までずっと広場にいたこともありました。

夜にシャワーを浴びているときにサイレンが鳴り、十月の寒い夜にバスタオルを腰巻にしただけで集合場所に行ったこともありました。そばを走る人間が起こす風が当たるだけでもたまらず、凍えそうになるほどつらかったものです。このときなども一部の人間にだけ雑用が言い渡され、他の者たちはすごすご部屋に戻りました。

志願段階や新兵のうちは、一人部屋になることなどはまず考えられません。狭い部屋に所狭しと簡易ベッドが並べられているようなところで眠るのがほとんどで、ここでもそうでした。

最初に下着などを渡されて着替えたときから始まり、他人の前で全裸になることをためらうようでは軍の生活は送れません。外国人に囲まれているなかで局部まで露出するのはたしかに気が引けます。だからといって、それができないというなら外人部隊に入ることを考えるのはやめておくべきです。

食事に関していえば、どこへ行ってもあまり変わらないといえます。とくにおいしくもなければまずくもない、フランスの大衆料理などが多いものです。

オバーニュではスープを自分でよそうときに手にかかってしまい、「熱っ！」と声を出してしまったときに、少し離れたところからも「熱っ！」と声が聞こえてきて、日本人を見つけたことがありました。東北出身の十九歳の若者でした。ただし、日本人がいたからといって、二人で日本語で話してばかりいると、フランス語を覚えられないので、あえて距離をおくようにしました。彼のほうは中国人と筆談していることが多く、やはりなかなかフランス語を覚えられず苦労していたようです。

雑用は敷地内の清掃だけではありません。基地の外の施設に行かされる場合もあります。外人部隊には、部隊兵のための保養所や退役した元部隊兵のための老人ホームなどがあります。そうした施設に行って掃除をすることもありました。ワインを作るためのブドウ畑でブドウ摘みをさせられた者もいました。

ずっと敷地内に閉じ込められていて、広場での待機時間も長いので、敷地外の施設に行くことになれば嬉しかったものです。

ひとつ記憶に残っているのは、老人ホームである元部隊兵から「日本語が話せるフリをしたいから付き合ってほしい」と頼まれたことです。周りの部隊兵たちに日本語ができると自慢したかったのでしょう。日本語になっていないムチャクチャな言葉で話しかけられ、適当に日本語で返してあげました。その人は嬉しそうだったのに、周りの人たちは何のリアクションもしていませんでした。最初から信用されていなかったのかもしれません。

●最初のホームシック

正直にいえば、オバーニュにいた頃には、なかばホームシックになっていました。広場にいて呼び出しを待つあいだなどは時間を持て余し、いろいろなことを考えてしまうからです。適性検査に合格すればこんな生活が五年も続き、そのあいだは帰国もできなくなります（正確にはRSMが済むまで、です）。家族や友達にも会えず、祖父や祖母の死に目にも会えないだろうな……などといったことまで思いを巡らせてしまいました。

そのため、心の中ではむしろ「落ちたい」と望む部分も出てきていました。合格しても、その後の基礎教育訓練中に自分で辞めることはできます。それよりもいっそ落ちてしまったほうがいいのではないか、とさえ考えるようになっていたのです。

〝そうなったら、日本に帰って、やりたくない仕事でも文句は言わずに頑張ろう。そうやって地味に生きていったほうがいいのではないか〟

そんなふうにも頭に思い描いていました。

選抜試験や雑用よりも、広場で過ごす時間のほうが精神を蝕《むしば》みやすいといえます。基本的には何をしていてもいいので、座ってボーっとしていても構いません。懸垂や腕立て伏せをしている人もいました。フェンスに囲まれた狭い空間でそれぞれが勝手に過ごしているのはある種、異様な光景です。

サイレンが鳴れば、そのたび走りだすのだから、サル山のサルとも変わらないと自嘲《じちょう》していました。そういう時間に嫌気がさしていたことがホームシックにつながっていたのだと思います。

この頃の雑用を指示する隊員には偽名である「ノダ」とも呼んでもらえず、「中国人！」と呼ばれていました。フランス語では「シノワ（Chinois）」となります。そう呼ばれても返事して、そのまま言うことを聞いていました。「いや、私はジャポネ（Japonais）です」などと訂正する必要もないと思っていたからです。

二週間の選抜試験に合格すれば、「赤」を意味する「ルージュ（Rouge）」と呼ばれるようになります。

この段階で頭は丸刈りにされます。私は最初から丸刈りで志願しました。入隊できない場合のことを考えるなら、長髪のまま志願しても大丈夫です。

このときまでは長髪でいることは許されるので、採用されずに社会に戻るときに丸刈り状態にはなっていないで済みます。

この段階で装備品一式と百ユーロ（約一万三千円）が支給されます。ここからは迷彩服を着ることになり、志願者ではなく「志願兵（E.V.）」という身分になります。

そしてもう一週間、オバーニュで過ごすことになります。

志願兵には、選抜試験を受けている志願者をまとめる役割が課せられます。

選抜試験のための二週間と、志願兵として過ごす一週間を合わせた三週間がオバーニュでの滞在期間です。ただ、私たちのときにはちょうどこの期間にフランスのテレビが取材に入っていた関係で四週間、オバーニュで過ごすことになりました。例外的なケースだったといえます。

●フランス語で暗記しなければならない「宣誓書」

オバーニュのあとにはフランス南西部にあるカステルノダリの第四外人連隊に送られ、

四か月間の基礎教育訓練を受けることになります。

オバーニュの最後の一週間はその準備期間だといえます。

志願兵になると、それまでよりも雑用は減りました。

ただし、その一週間で最初の大きな課題にぶつかります。「宣誓書」の七項目をフランス語で暗記しなければならないのです。

私のようにフランス語を話せずに入隊志願していれば、この段階ではまだほとんどフランス語はわかりません。カタカナにしてメモ帳に書き、音として丸暗記するしかなく、なかなか難しいことでした。

日本語の宣誓書は『外人部隊125の真実』（並木書房）にも紹介されているので、ここではそれを引用させていただきます。

【宣誓書（外人部隊兵の心構え）】

一、外人部隊兵よ、君は名誉と忠誠の下にフランスに奉仕することを自らの意志により選んだ者である。

二、各外人部隊兵は、国籍、人種、宗教を問わず君の戦友である。君は仲間の外人部隊兵と緊密に団結し、同じ家族の一員であることを示さなければならない。
三、伝統を重んじ、上官たちと結束する。軍規と仲間との連帯感を君の強さとし、勇気と忠実を君の美徳とする。
四、外人部隊兵は品位ある装いを心がけ、慎ましくも堂々と振る舞い、兵舎を常に整理整頓することにより、その誇りを顕示する。
五、選り抜きの兵士よ、君は厳格に自分自身を鍛え上げ、銃器を最も大切な財産として維持し、肉体の鍛錬に余念なきものとする。
六、任務とは神聖なものである。軍事行動中に必要とあれば、最後まで命がけでその任務を遂行せよ。
七、戦闘中は、情熱や憎しみにとらわれず、冷静に行動し、敗者に対し敬意を払い、戦死、負傷した戦友および銃器は、絶対に放棄してはならない。

フランス語での全文も載せておきますが、初めから丸暗記しておこうと考えるよりは、入隊前にフランス語を勉強しておくほうをお勧めします。

宣誓書（フランス外人部隊兵の心構え）

Code d'honneur du légionnaire

I. Légionnaire, tu es un volontaire servant la France avec honneur et fidélité.

II. Chaque légionnaire est ton frère d'armes quelle que soit sa nationalité, sa race ou sa religion. Tu lui manifestes toujours la solidarité étroite qui doit unir les membres d'une même famille.

III. Respectueux des traditions, attaché à tes chefs, la discipline et la camaraderie sont ta force, le courage et la loyauté tes vertus.

IV. Fier de ton état de légionnaire, tu le montres dans ta tenue toujours élégante, ton comportement toujours digne, mais modeste, ton casernement toujours net.

V. Soldat d'élite, tu t'entraînes avec rigueur, tu entretiens ton arme comme ton bien le plus précieux, tu as le souci constant de ta forme physique.

VI. La mission est sacrée, tu l'exécutes jusqu'au bout et, s'il le faut, en opérations, au péril de ta vie.

VII. Au combat, tu agis sans passion et sans haine, tu respectes les ennemis vaincus, tu n'abandonnes jamais ni tes morts, ni tes blessés, ni tes armes.

●カステルノダリでの「フェルム（農場）生活」

カステルノダリでの四か月間には、戦闘行動をはじめ、武器や通信機器の扱い方など軍隊で必要となる最低限の知識を広く学んでいきます。

フランス語の講習などの座学もあります。

最初の一か月は、駐屯地ではなく「フェルム（Ferme）」、英語でいうところのファームと呼ばれる農場のようなところで過ごします。

簡易ベッドが並ぶ広間で眠り、起床時間はやはり五時半です。

朝はだいたいランニングで始まり、敬礼などの礼儀作法、整列や隊列行進、部隊行動、銃器の扱い方など、部隊兵としての基礎を習っていきます。

それと同時に集団生活の心得も学びます。掃除や洗濯の仕方といった部分も含めて細かい注意点などを教えられます。

宣誓書のほか、「ル・ブダン（Le Boudin）」など、軍歌のようなニュアンスの歌を何曲か覚えなくてはなりません。食事前などに指名された者が暗唱できなかったり歌えなかったりすると、全員に腕立て伏せなどが課せられます。

フェルムへ行くまえに駐屯地で初めて銃器を手にしました。

特別な感慨はなかったように記憶しています。最初に渡されたのはファマス（FAMAS）でした。金属が剝《む》きだしの部分は少なく、プラスチックのおもちゃみたいだな、という印象を持ちました。

フル装備でランニングすることもあり、ファマスだけでも三・二キロあるので、かなりきついといえます。

リュックを背負って穴の中を進んだり、塀をよじ登ったりする障害走も行いました。突然、発煙筒が焚《た》かれて、ゲホゲホとむせたこともありました。この障害走などはわりと軍隊らしいトレーニングといえます。

軍隊での基礎教育訓練というと、映画の世界をイメージする人も多いのではないかと思いますが、似た面もあれば、異なる面もあります。たとえばハリウッド映画でよく見られる「サー！　イエッサー！」のような雰囲気とは違います。そうやって声を張り上げたりすれば、「大声を出すな！」と言われるくらいです。

フランス語の講習も毎日ありました。

宣誓書や歌を覚えるうえでも、渡仏前にフランス語を勉強しておけばよかったとはあらためて強く思いました。外人部隊の歴史に関する座学などもあるので、フランス語がわからなければ、教官が話していることも理解できません。

こうした座学では小テストなどもありました。それで落第になるようなことはおそらくありません。しかし私は、この後にどの連隊に進めるかということに関係してくるのではないかと勝手に考えていました。パラシュート連隊に行きたいという気持ちが強かったので、いろんな面で点数を気にして必死に頑張りました。これまでの人生のなかでも最大級、努力した日々だったと思います。

●靴擦れとケピ・ブラン行軍

フランス語とともに苦労したのが行軍でした。歩くことが苦手だったわけではなく、支給されるブーツが合わなかったからです。

当時のブーツは、素材が硬いうえに中敷きがなかったので、すぐに靴擦れができてしまったのです。これは私に限った話ではなく、それで悩む人間はかなり多かったです。すぐに爪先《つまさき》や踵が痛くなり、足の至るところに水ぶくれができました。

連隊に配属されたあと、新たにブーツが支給される際には、サイズを一つ上げました。サイズ選びも慎重にするべきです。

靴擦れは痛くても、パラシュート連隊に行きたい一心で、痛みをこらえながら歩き続けました。そのときは大げさでなく、これで足がダメになっても仕方がないというくらいの気持ちでやっていました。

フェルムでの一か月が終わる際には「ケピ・ブラン行軍」と呼ばれるものがあります。「ケピ・ブラン（Képi Blanc）」とは、外人部隊の象徴ともいえる白い帽子のことです。六〇キロほどを歩き、その後にケピ・ブランの授与式があります。

このときはテレビ局の取材クルーから絆創膏をもらえていたので助かりました。それがなければ靴擦れのため、地獄の苦しみを味わったはずです。雨も降っており、足はボロボロになりましたが、最後まで行軍できました。

ケピ・ブラン行軍では二人ほど脱落者がいました。除隊にはさせられなかったので、最終試験というよりは儀式的なものだといえそうです。

ブーツの中敷きを買えたのは駐屯地に戻ってからでした。

この基礎教育訓練では四十歳の元先生（フランス人）と一緒になりました。その人は、体力的についてこられなかったのか、途中で脱落してしまいました。

ちなみにトゥールーズで一緒になったフランス人の一人は十七歳でした。

外人部隊に応募できるのは十七歳以上四十歳未満です（規定としては、徴募所で志願した段階で十七歳六か月以上、三十九歳六か月以下）。偶然にも私はその両端と一緒になったわけです。二人とも残れなかったのは残念でした。

このケピ・ブラン行軍を終えれば、晴れて「外人部隊兵（レジョネール＝Légionnaire）」となります。

●基礎教育訓練の最終課程

フェルムで一か月を過ごしてレジョネールになると、駐屯地に戻って基礎教育訓練をさらに三か月間、受けることになります。

駐屯地で行われる訓練もあれば、フェルムや別の施設で行う訓練もあります。

応急救護や通信機器の扱い、手榴弾《しゅりゅうだん》の投擲《とうてき》、化学兵器対策などというように、より専門的な講座や訓練が増えていきます。

訓練漬けの日々なのかといえばそうでもなく、この期間にはまた雑用が増えました。それがつらかったかといえばそうでもありません。雑用の種類が増え、いろいろなところへ連れて行かれるので、フェルムにいた頃にくらべれば毎日が単調でなくなります。

この期間にはスキー講習もありました。

ピレネー山脈のフォルミゲールという村に遠征しての訓練です。

スキー講習は普通のゲレンデで民間人のそばで行いました。上級、中級、初級に分かれての講習です。その数日に関しては、個人的にはレジャー感覚で楽しめました。

運転免許の取得課程もあります。普通免許を持っていれば大型車両の教習を受けます。私は国際免許を持っていたのに、なぜか認められませんでした。そのため、普通免許の教習を受けて、新たに免許を取得しました。

この三か月の後半には、連隊の警備につくようなことも出てくるほか、それまでの講習や訓練をどこまで身につけているかをチェックするためのテストも行われます。テストの結果に順位をつけられ、希望の連隊に進めるかどうかに関わってくるので重要です。

基礎教育訓練の半ば頃には、再び長い行軍があります。

ケピ・ブラン行軍よりもさらに距離が延びたものです。一日数十キロ歩くような行軍は外人部隊では避けられないと覚悟しておく必要があります。

フランス語の聴き取りがだいぶできるようになったのは駐屯地で基礎教育訓練を受けていた頃のことでした。

志願から四か月くらいが経った頃、突然に近い感じで相手の言葉がわかるようになってきて、自分でも、あれ!? と思ったものでした。そうなると、周囲の人間とのコミュニケーションも取りやすくなるので、ずいぶん助かります。

この時期にもやはりホームシックはありました。といっても、外人部隊を辞めて帰国したいと考えていたわけではありません。ただ、家族や親友に対して自分が生きていて元気にやっていることだけは伝えたかったのです。

基礎教育訓練がまもなく終わるという段階で、一度だけみんなでカステルノダリの町へ行くことが許されました。このときは上官も一緒で、外人部隊の礼服を着用しての外出だったので好き勝手にできるわけではありません。

ネットカフェなどに行く者もいたなかで、私はスーパーマーケットなどをうろちょろしていました。ほんの一、二時間、町に行けただけでしたが、それでもすごく嬉しかったです。それほど軟禁状態に近いような日々を送っていたわけです。

このときようやく、公衆電話から家に電話ができました。

「とりあえず生きていて、元気にやってる」と伝えたように覚えています。

志願から約五か月。ここまでの時間は本当に長かったといえます。

第3章　パラシュート連隊の〝アルカトラズ〟な日々

●それぞれの性格を持つ「連隊」

フランス外人部隊にはいくつかの連隊があります。

志願者が選抜試験を受けることになるオバーニュにあるのが「第一外人連隊（1eRE）」。その後に基礎教育訓練を受けるカステルノダリにあるのが「第四外人連隊（4eRE）」です。第一外人連隊は本部に当たります。総司令部や警務部のほか、音楽隊やマラソンチームなどもあります。第四外人連隊は基本的に訓練所なので、この二つの連隊は「後方支援連隊」として括《くく》られます。楽器などの特技がない限り、最初からこれらの連隊に配属されることはまず考えにくいといえます。

後方支援連隊のほかにフランス国内に駐屯する連隊は六つあります。

カルピアーニュ駐屯の「第一外人騎兵連隊（1REC）」。

ロダンラルドワーズ駐屯の「第一外人工兵連隊（1REG）」。

サンクリストル駐屯の「第二外人工兵連隊（2REG）」。

ニーム駐屯の「第二外人歩兵連隊（2REI）」。

コルシカ島駐屯の「第二外人パラシュート連隊（2REP）」です。

また、かつてはジブチ共和国やアブダビに駐屯していた「第十三外人准旅団（13DBLE）」がフランス中部のラルザックに移ったため、最初に配属される連隊に加わりました。騎兵とはもともと馬などに騎乗する兵士のことです。現代では戦車などに搭乗する部隊も騎兵と呼ばれます。外人部隊の騎兵連隊は、多数の戦車や装甲車を保有しているので、どちらかというと海外派遣は多くなる傾向があります。

工兵連隊は、陣地や橋などといった施設の建築、地雷除去などを行います。第二工兵連隊は「山岳戦闘工兵」とも呼ばれ、山岳部隊に近い性格を持ちます。

パラシュート連隊はいわゆる空挺《くうてい》部隊です。だからといってパラシュート降下するだけの部隊というわけではありません。海から上陸するなど、さまざまな作戦に対応する部隊です。

基礎教育訓練を終えると、このうちどこかの連隊に配属されます。

最初から配属されることは考えにくい本土外の連隊としては、南米ギアナ駐屯の「第三外人歩兵連隊（3REI）」、モザンビーク海峡でマダガスカル島のそばにあるマヨット島駐屯の「外人部隊分遣隊（DLEM）」があります。

●パラシュート連隊は監獄だ！

どこの連隊へ行きたいかの意思表示はできます。

カステルノダリでの基礎教育訓練は小隊単位で行われ、終盤には何度か小隊長との面談が組まれます。その際に希望が聞かれるので、そこで自分の意思を伝えます。

パラシュート連隊は精鋭部隊といえるので、人気と競争率は高くなります。少なくとも最初のうちはそうです。私の周りでも、パラシュート連隊を希望する者は非常に多く、かなりの成績を残さなければ無理なのではないかと思っていました。ところが、途中から様相が変わってきました。

簡単にいえば、「パラシュート連隊には行かないほうがいい」という声がしばしば聞かれるようになっていったのです。

私も直接、そういう声を聞きました。基礎教育訓練を受けているときに一緒になったフランス人がそう言っていたのです。彼は上官と揉《も》めたことからフランス正規軍を辞めて、外人部隊に入ってきていました。正規軍では特殊部隊にいたそうです。特殊部隊でもパラシュート降下を経験していたというのですから、当然、パラシュート連隊を希望するだろうと思っていました。それで確認してみると、「パラシュート連隊には行かない」と言うのです。理由を聞いてみると、「あそこはアルカトラズだ。監獄だ」という言い方をしました。

アルカトラズとは、脱獄不可能といわれた連邦刑務所があったアメリカの島です。アルカトラズを舞台にした映画はいくつかあります。比較的近年の作品としては、ニコラス・ケイジやショーン・コネリーが出演した『ザ・ロック』が有名です。私も観ていました。

元特殊部隊の彼がそう言っただけでなく、パラシュート連隊のあるコルシカ島はよくアルカトラズに喩《たと》えられるということはその後に知りました。他の連隊にくらべてそれだけ自由度が低いということです。

フランス本土の連隊に入れば、週末の休みや休暇の際などにパリに出かけるなど、フランスを楽しむこともできるのに、パラシュート連隊では休日を楽しむのが難しくなります。海に囲まれた島であるうえ、自由になる時間が少ないからです。限られた自由時間に許される行動も制限されます。監獄という表現は大げさだとしても、基礎教育訓練がさらにハードになりながら、駐屯地に閉じ込められているのに近いといえます。

『外人部隊125の真実』では、フランスでの休日を楽しみたい人に対しては、第一外人工兵連隊や第二外人歩兵連隊が勧められています。

とくに第二外人歩兵連隊が駐屯するニームはフランス南部に位置するガール県の県庁所在地であり、円形劇場などでも知られる歴史ある都市です。駐屯地から駅までは車で十分ほどで行くことができ、駅から高速鉄道TGVを利用すればパリまで三時間ほどで行けます。

第一外人工兵連隊のあるロダンラルドワーズにしても、フランス南東部の都市アヴィニョンまで遠くなく、そこからTGVを利用できます。

このように交通の便がいいところに駐屯地があり、締め付けが厳しくない連隊であれば、週末なども楽しく過ごしやすくなります。実際に毎週末のようにパリに行ったり、フランス国内のさまざまなところを旅行して回っていた日本人の部隊兵もいました。電車に乗る際は軍人割引が使えるので、フランス国内を安く回れます。人生は一度しかないのですから、そうして楽しく生きるのもいいと思います。

五年という期間を訓練とレジャーでメリハリをつけて過ごすか、とにかく不自由で閉ざされた生活になることを覚悟するか……。どちらを選択するかが問われるところです。

●外人部隊兵の給料と手当

週末を楽しむと聞いて、部隊兵の給料がどれくらいなのかということが気になる人もいるかもしれません。

私はパラシュート連隊に入り、閉ざされた生活となったので、それほど気にしていませんでしたが、安いといえば安いといえます。

現在は、基礎教育訓練が終わった段階の手取りが千三百ユーロ（約十七万五千円）だそうですが、給料体系などはいつ変わってもおかしくありません。私の頃はもう少し安かった気がします。

軍にいる限り、衣食住の心配はあまりないので、十分といえば十分です。とくに物価の安い発展途上国から来ている人などからすれば考えにくいほどの大金に当たるようです。

とはいえ、夜に酒を飲んだり、休みを満喫しようとするなら、ほとんどお金は残せないことにはなるはずです。

パラシュート連隊の場合、週末も遠出ができず、お金を使う機会があまりありません。また、毎月、「降下手当」というものが付きます。一年間に既定回数（状況などによって異なり、四〜六回程度）のパラシュート降下をすることが条件となり、現在、月に七百二十六ユーロ（約十万円）です。合わせれば手取りは現在で二十七万円ほどになるようです。

また、パラシュート連隊に限ったことではなく、海外派遣になると、その手当がつきます。私はアフリカのガボンや、アフガニスタンに派遣されたりしています。どちらの場合も月の手取りがすべて合わせて四十万円ほどになりました。

正直にいえば、ガボンでの生活はけっこう楽しいものでした。それで四十万円もらえたのはありがたいことでした。しかし、アフガニスタンのような命の保証はない戦地に派遣されて四十万円という額は多いとはいえないかもしれません。そのあたりは個人の考え方次第になるはずです。

いずれにしても、パラシュート連隊はお金を貯めやすい部隊だとはいえます。私も除隊した段階では一千万円以上の貯金ができていました。その後にいろいろあり、その貯金も今では底をつきかけているのが悲しいところですが……。

●パラシュート連隊への道

基礎教育訓練を受けていた段階で最初はパラシュート連隊を希望する者が多かったのに、それがどんどん減っていったのは事実です。噂は広まりやすいもので、第二外人歩兵連隊

教官からのパラシュートの説明を受ける

や第一外人工兵連隊を希望する者が増えていきました。

私と同じ期で基礎教育訓練を受けていたのは五十人ほどで、パラシュート連隊に行けるのは十人ほどだと言われていました。最終的に私の成績は十四位だったので（順位は公表されます）、行けないのではないかと心配しました。それにもかかわらず、実際はあっさりパラシュート連隊に入ることができたのです。

成績一位や二位の人間が歩兵連隊を希望するなどしていたので助かりました。そのため、私よりも成績が低かった同期もパラシュート連隊に入っていました。ただ、それはそれで問題がないとはいえません。あまり成績が良くなかったのにパラシュート連隊に入った一人は、体力的についていくのに苦労していました。そのためなのか、訓練中に足を骨折して、歩兵連隊に編入されることになったのです。

どこかの連隊に入ったあと、別の連隊に移る場合があるかといえば、最初の五年の契約期間で除隊予定であれば、例は少ないといえます。希望がまったく出せないわけではなくても、希望が通るのは難しいのではないかと思います。

たとえばパラシュート連隊に配属されて何年か経ったあと、ジブチやギアナなどの国外の駐屯地に行くことを希望するなら、契約期間を延長すれば行けなくはないかもしれません。しかし本土にある歩兵連隊などに移ることを希望すれば、所属する連隊の中では「どういうつもりだ!?」という目で見られます。

監獄に喩えられるようなことはあっても、パラシュート連隊はエリート意識が高い部隊です。そこを辞めて他の連隊に移りたいと意思表示したりすれば、部隊を冒瀆《ぼうとく》しているようにもみなされてしまうのです。

実をいうと、私自身、そういう経験をしています。パラシュート連隊に配属されて十か月くらいが経った頃、「他の連隊に移りたい希望はあるか？」と聞かれたときに、つい「歩兵連隊に行きたいです」と答えてしまったのです。最初から覚悟していたことだったとはいえ、あまりにも自由がないのがつらかったからです。

しかし、そんな言葉を口にしても、歩兵連隊に移れるわけもなく、それまで以上に厳しく指導されるようになっただけでした。言葉を濁さずにいえば、しごきが始まったようなものだったのです。他の連隊に移る希望があるかを聞かれたのは、ほとんど罠《わな》のようなものではなかったのかと恨めしく思ったものでした。

●専門分野が分かれる「中隊」

カステルノダリの基礎教育訓練が終わって、どこの連隊に配属されるかが発表されたあとには、一度、オバーニュに戻ります。

これは訓練目的などではなく、預けていた私物などを返してもらうためです。その後、各連隊に移動することになるので、それぞれの連隊から迎えの上官がやってきます。

パラシュート連隊の上官は、まず顔が怖かったです。とくに怒っているわけではなくても、眉間《みけん》に皺《しわ》が寄っているようなスロバキア人軍曹でした。人を見た目で判断するのはよくないにしても、実際に怖い人でした。

しわがれた声で「みんな、どこの中隊に行きたいんだ？」と聞かれました。

パラシュート連隊のなかでも「中隊」が分かれていて、専門の分野が違ってきます。

第一中隊は市街地戦闘。

第二中隊は山岳戦闘。

第三中隊は水陸両用部隊で、海や川からの上陸作戦などに対応。

第四中隊は狙撃《そげき》や爆破に対応する部隊でしたが、現在はジャングル戦の部隊になりました。

私たちの頃は第五中隊は車両《しやりよう》整備やパラシュート整備などに特化していました。戦闘中隊ではないので最初に第五中隊に配属されることはありませんでした。現在、第五中隊は砂漠戦闘の部隊になっています。

その他に偵察支援中隊（ＣＥＡ）があり、偵察や長距離の狙撃、対戦車ミサイルによる援護などといった役割を担っています。現在はＣＡ（支援中隊）と呼ばれています。

人気があるのは第一中隊でした。私たちがパラシュート連隊に配属されたのは二〇〇五年です。イラク戦争が始まったのが二〇〇三年で、現代の戦闘は砂漠などより市街地で行われるイメージが強くなっていたこととも関係していたのだと思います。

私は山に関心があり、陸上自衛隊レンジャーへの憧《あこが》れがあったので、山岳での活動が中心となる第二中隊を希望していました。

全員の回答を聞き終えると、第一中隊か第四中隊の希望者がほとんどでした。それを確認したうえでスロバキア人軍曹はこう言ったのです。

「第三中隊はいないのか？　悪いけど、みんな第三中隊だからな」

彼は第三中隊の教官のような立場にあり、私たちが全員、第三中隊に入れられることは最初から決められていたようです。「それならどうして希望を聞いたのか!?」と言いたくなりました。やはり罠というか、イタズラのような質問だったのです。

●軍の階級と隊の構成

私たちはマルセイユから出ている夜行船に乗ってコルシカ島に渡りました。

地中海に浮かぶコルシカ島は「美の島」とも呼ばれ、多くの人が憧れるリゾート地です。

しかし、私たちにとっては残念ながらそういう場所ではありません。アルカトラズや監獄などと聞かされ続けた「自由のない孤島」です。

カステルノダリでは一日だけ二時間ほど自由時間があったと書きましたが、ここに至るまでに自由な外出ができたのはその一度きりでした。それからはもう、言われるまま移動などをしているうちにコルシカ島行きの船に乗っていました。

船の中では少し緊張していました。

カステルノダリで基礎教育訓練を受けていた頃には、いつになったら実戦的な訓練を受けられるのかなと待ち望む気持ちもありました。しかし、このとき向かっていたのは、厳しいことで知られるパラシュート連隊です。「選ぶべきではない」と言われるところへ行って、どんな日々が始まるのかはやはり不安でした。

コルシカ島に着いてしまわないように船がゆっくり進めばいいのに……という気持ちも生まれていたほどでした。

島に着く頃には朝になっていて、どんよりした曇り空でした。

美の島らしからぬ空模様のために不安が煽《あお》られた部分もあったといえます。

とはいえ、ここまできたらやるしかないという気持ちになっていました。

船から降りると、部隊のバスに乗ってパラシュート連隊に向かいました。

第三中隊に配属される前にまずは三週間、訓練用の施設に宿泊して、パラシュート課程を受けることになります。私たちを迎えにきたスロバキア人が私たちの教官になるのがわかりました。到着後、私たちはいったん助教である伍長《ごちょう》に預けられました。

外人部隊では、志願兵から外人部隊兵（レジョネール）になった時点で二等兵です。一つ階級が上がると一等兵です。

その上が伍長です。

フランス軍の階級は独特で、日本語には訳しにくいのですが、上級伍長、軍曹、上級軍曹、曹長、上級曹長、准尉というように上がっていきます。

五年間、大きな問題なく在籍していれば、大抵は伍長にまではなれます。

准尉の上が士官です。士官になるのは大変ですが、外人部隊兵でも中佐になった人などもいます。

隊の構成は、大きな括りから見て、連隊→中隊→小隊→分隊となります。

一個戦闘中隊には五つの小隊がありました。指揮小隊一つと戦闘小隊が四つです。

一つの戦闘小隊は、指揮分隊と戦闘分隊三つで組織されます。

一個の戦闘分隊は、分隊長一人（主に軍曹）と伍長が二人、一等兵・二等兵が四人いる合計七人になります。分隊長の下につく伍長にはそれぞれ一等兵・二等兵が二人つくので、分隊のなかにさらに二つの班があるようなものです。

外人部隊では、師団や大隊という概念はありません。ただし、フランス軍全体で見れば、連隊の上に旅団があります。

フランス陸軍には「第十一パラシュート旅団」という大きな組織があり（隊員は約八千五百名）、その中に第一猟兵パラシュート連隊、第三海兵歩兵パラシュート連隊、第十七工兵パラシュート連隊などの連隊があります。私たち外人部隊の第二外人パラシュート連隊も組織上、ここに連なっています。

●パラシュート課程

訓練用の施設で私たちを託された伍長はブラジル人で、総合格闘家のカーロス・ニュートンを丸刈りにしたような人でした。いっさい笑わない人で、「また怖い人が出てきた……」と緊張しました。

この伍長の指示により、ベッドが割り振られ、荷物などを整理すると、そのあとは運動や掃除などになりました。

台からジャンプする着地練習

私たちが着いたのは土曜日でした。週末にはメインの教官がいないので、専門的な教育や訓練はありません。だからといって、休日として解放されるわけではありません。この伍長に第三中隊の幹部の名前を教わるなどしながら、休日ともいえない週末を過ごすことになりました。

週が明けると、みっちりと訓練と講義が始まりました。朝のスポーツを入れれば七時半から訓練が始まり、昼食をはさんで十八時頃までカリキュラムが組まれていました。

実際にパラシュート降下をする前に基礎的な部分の実習を行い、ランニングなどで体力を錬成します。パラシュート連隊の歴史などに関する座学もありました。

パラシュート降下の訓練はまず地上で行います。一・二メートルくらいの高さの台から飛び降りて着地したり、天井から吊るされたハーネスを着用し降下中の動作を覚えたりします。

輸送機のレプリカを使って、機内での動きと降下するまでの流れを確認していくシミュレーショントレーニングもありました。

パラシュートが開かなかったときや、木や建物に宙吊《ちゅうづ》りのようになってしまったときにはどうするかといったことも学んでいきます。

一日の座学や実習が終わり、教官が帰ったあとも伍長の指導で復習します。このときもやはりフランス語の歌を暗記させられました。

雑用もなくなりません。朝昼晩と掃除があり、週末には周辺の草むしりをすることが多かったものです。

この教育期間中、コルシカ島に着いた日に限らず週末にカリキュラムは組まれていませんでした。それでも完全に隔離された状態は続き、外部との連絡は原則として禁止でした。担当になった助教の裁量によっては、電話をかけることが許される場合はあり、私たちの

コルシカ島カルヴィの海岸線を見ながら降下する

ときもそうなりました。

●観光の島にあるアルカトラズ

少し先のことも書いておけば、パラシュート課程が終わったあとの週末は基本的に休みです。しかし、外出する際には、外人部隊の礼服を着ていくことが義務付けられます。そのうえ、シャツなどにしっかりとアイロンがかけられているかといった点までチェックされます。

外出するにしても行ける場所が限られていて、バーやレストランで飲食をするか、スーパーで買い物をするかのどちらかといった程度になります。そのために礼服にアイロンをかけたりするのも面倒なので、私はあまり外出もしませんでした。

各中隊のなかには、所属する兵士が運営しているバーがあり、平日も週末もオープンしています（平日はおよそ六時半〜十時、十二時〜十三時、十七時半〜二十時くらいの営業、週末は七時半〜二十時くらいの営業）。そこではアルコールのほか、簡単な食べ物などが出されていました。私はお酒をほとんど飲まないので、バーとして利用することはありませんでした。ただ夕方や週末にはそこでご飯を食べたりはしていました。

パラシュート連隊の駐屯地は、美の島にありながらも、ほぼ切り離されているようなものです。かといって、まったく隔離されているわけではありません。たとえば私たちのパラシュート降下訓練を遠くから観光客が見ていて、拍手をしてくれるようなことはありました。

軍用車両で町なかを抜けることもあれば、上陸訓練をしたビーチに観光客がいたこともありました。

上陸訓練に関していえば、ふだんから観光客のいるところでやっているわけではありません。そのときは十一月のそれなりに寒い時期だったので、ビーチに観光客はいないことを前提にしていたのです。上陸しようと海を泳いでいると、目的地の海岸にはトップレスの女性たちがいたので驚きました。我々はそのまま、彼女たちの近くに上陸しようとしたところ、彼女たちはそれを察したのか、慌てて水着をつけていました。

●パラシュート課程、苦難の初降下

教育期間の三週目には実降下があり、四回降下すると、パラシュート課程修了の証《あかし》であるバッジがもらえます。

そのバッジは絶対に取る！　という意気込みがあったので、私も必死でした。

実降下をするためにはまず基準となる体力がなければなりません。基準に満たない人はトレーニングを続けて、次のチャンスを待たなければならなくなります。その点で私は問題なかったので、実降下を受けられました。

実降下は地上四〇〇メートルの高さから行い、その後の降下は三〇〇メートルくらいから行うことが増えます。

実戦などで降下することを考えれば、狙い撃ちされるリスクなどを減らすためにもあまり高いところからは降下しません。しかし課程中には高度を上げたほうが降下中の動作を行うのに余裕が得られるので、四〇〇メートルから降下します。

初めて飛んだときには怖いという感覚はありませんでした。

自然に「よし、行くぞ!」という気持ちになっていました。怖くてなかなか飛び降りられない人もいるのではないかと思われるのかもしれませんが、そんなことはありません。仮に足がすくみかけている人がいたとしても、ためらっている余裕は与えてもらえず、順番に突き落とされていきます。

飛行機から飛び出してしまえば、パラシュートが自動的に背中のバッグから引っ張り出されて開くようになっているので、降下はそれほど難しいことではありません。そのパラシュートが開かなかったり絡んでしまった場合には予備のパラシュートで対応します。幸い私はそうしたトラブルは経験することはありませんでした。

両足を閉じて着地して、風向きなどを考えながら体をねじって背中から倒れるようにします。

最初は怖いと思っていなかったのに、慣れた頃になってから少し怖いように感じる時期はありました。「うまくやらなければならない」と緊張しながら必死でいれば、なかなか恐怖は感じないものなのかもしれません。

実をいうと私は、最初の実降下の際、着地時に足をくじいてしまっていました。それが知られると、次の降下をやらせてもらえなくなるので、足をくじいたことを隠していました。足を引きずらないように我慢しながら歩いて、二回目、三回目と降下しました。

この実降下は朝から行われていたので、ここでお昼の休憩をはさんでから四回目の実降下となります。

四回目に成功すれば修了のバッジがもらえるにもかかわらず、休憩に入って落ちついたことでアドレナリンが分泌されなくなってしまったのかもしれません……。突然、耐えられないほど足が痛くなってきたのです。なんとか我慢して、バレないようにしようと頑張りました。しかし、少し足を引きずったことで、インストラクターに気づかれてしまいました。

「足をくじいたのか？」と聞かれて嘘はつけず、「はい」と答えると、軍医からのドクターストップがかかりました。足の甲の捻挫《ねんざ》という診断で、その後、二週間は診療所生活となりました。寝たきりというわけではなく、診療所の掃除や雑用をしながら寝泊まりすることになったのです。結局、次の次にやってきた期と一緒に実降下を受けることになり、それで修了しました。

●歩兵訓練とミニミ軽機関銃

パラシュート課程が修了したあと、第三中隊の第三小隊に配属されました。

第三中隊に配属されたのはスロバキア人の上官から告げられていたとおりです。基本的に自分で中隊を選べる余地はないといえます。ただし、泳ぎが得意だという理由で第三中隊を希望した人間が第三中隊に配属される例などはありました。競技会での実績があるほど明確な特技があれば、こうした例もあるようです。

第三中隊に配属されてまずは「歩兵訓練」を受けました。二週間、駐屯地の外で天幕を張って寝泊まりしながら、歩兵としてのイロハを叩《たた》き込まれます。戦闘に関する訓練も含まれます。

小隊の中で私はミニミ軽機関銃の射手を担当することになりました。

小隊の中で軽機関銃を担当するか小銃を担当するかは、自分の意思とは関係なく振り分けられます。ミニミは重いので体格や体力を基準に選んでもよさそうなのに、おそらくそうではありません。新人のなかから適当に選んで、押しつけているだけではないかという

ミニミ軽機関銃を持つ著者

気がしました。

ミニミは弾薬を込めていない状態で七・一キロあり、それを持って戦闘行動の練習をするときにはかなりの重さを感じます。

もちろん、標的を狙った射撃訓練も行いました。射撃訓練はそれほど頻繁にやれるわけではなく、失敗すれば怒られるので緊張感がありました。

カステルノダリでの基礎教育訓練にくらべれば、やはり厳しさは増しています。

ミニミを持って夜通し歩くような訓練もありました。体力的にはかなりきついといえます。教官から受ける圧力も基礎教育訓練の頃とは比較にならないほど厳しくなっているので、精神的な強さも求められます。

こうした訓練で、「もう無理です」と音をあげるような人間は周りにいませんでした。しかし、体力的にバテてしまい、ついてこられなくなる人間はいました。そういうときには、リュックの中身を他の人間で分けて持つようにして負担を減らすなどしていました。

こうした行軍や小隊規模での行動訓練のほかに銃器や無線機の扱いを学びます。中隊で扱うほとんどの銃を分解して組み立てられるようにも訓練しました。

この段階で、格闘術の訓練を受けることはありませんでした。格闘術の訓練は、半年ほど経ってから受けています。種類は特定しにくく、印象としてはキックボクシングと合気道を混ぜたような感じのものでした。上級になると寝技が取り入れられるそうです。

第三小隊に配属されて二週間の歩兵訓練を受けたあとは、訓練か任務か、それがない時間は雑用という日々になります。

●厳しい訓練を乗り越えれば心にゆとりを持てる

雑用がついて回ることに関しては、なかば仕方がないとあきらめていました。

訓練に関していえば、パラシュート連隊であれば、特殊部隊の訓練のようなものを受けられるのではないかと期待もしていました。しかし実際は基本的な訓練を積み重ねていく

水陸両用訓練の様子

ような毎日でした。

考えてみれば、いくら特殊な訓練が受けられたとしても、誰もがすぐにどんな作戦でも敢行できるスペシャリストになれるわけではありません。いつ戦場に派遣されるかわからないことから考えても、まず基礎を徹底すべきなのは当然です。

厳しい特訓を受けていて、体力的にきついと感じても、逃げ出したいと思ったことは一度もありませんでした。私にとっては訓練のあるときは充実の毎日だったといえます。

いろいろな訓練があるなかで、個人的にはとくに苦手なジャンルはなかったといえます。私たち第三中隊は水陸両用部隊だったのに、あとから配属されてくる後輩のなかには泳げない者もいました。しかし訓練ではウェットスーツを着て、ドライバッグという防水のリュックをかかえているので沈みはしません。自分は泳げないからと怖がらずに泳ごうとすればなんとかなるものです。不得意のままではあっても、まったく泳げないままの部隊兵は見たことがありません。

少し苦しかったこととして記憶に残っているのはミニミ軽機関銃を持っての行軍でした。夜間ではなく日中の行軍で、ミニミを首からかけるためのスリングを渡してもらえないことがあったのです。担当の助教には伝えましたが、「あとで渡す」と言われながら、そのままになってしまいました。そのため七・一キロのミニミを腕の力だけで持ち、半日歩くことになったのです。腰のポーチに銃のグリップを乗せるようにして、少しでも体で支えようとするなどしていたので耐えられたのです。

●パリでの日々とコルシカ島の生活

二週間の歩兵訓練を終えて、まもなくすると、警察と組んでパリをパトロールする任務に就きました。二〇〇五年の五月のことです。

訓練ではない任務は初めてでした。そのこと自体、嬉《うれ》しかったものです。

テロ防止のパトロールですが、パリではまだそれほどテロもなかった時期です。車で移動しながら、テロリストに狙われそうな場所で降りて周辺をパトロールします。エッフェル塔や凱旋《がいせん》門やルーブル美術館といった場所を巡っていたのですから、正直にいえば、観光気分だったところもありました。

このときはイラクに派兵している国の大使館も回ったので、日本大使館にも行き、入り口で十分ほど立っていました。

軍服で銃を持っていても、大使館の人たちは私が日本人だとも気づいていなかったと思います。パリで日本大使館を警備することになったのですから不思議な感覚でした。自衛隊になったような気分でした。

このパトロールは三週間ほど、続きました。パリの片隅にあるフランス軍の駐屯地を拠点にしており、任務に就く時間を除けば礼服での外出はできました。

志願から八か月ほど経っていながら、休日らしく過ごせた休日がなかったので、かなりの気分転換になったのは確かです。

このとき、オバーニュでの面接を別にすれば、初めて日本人の先輩と一緒になりました。オペラ座近くには日本人街ともいえそうなエリアがあります。そこに連れていってもらい、定食屋さんのようなところで日本の定食を食べられました。それだけでもかなりの感動でした。

書店のジュンク堂がパリにあったのも驚きでした。

その後もよくお世話になったものです。日本を離れてしまっているなかで圧倒的な量の日本語の本が並んでいるなかにいられるのは大きな喜びです。少し先の話をすれば、衛生兵課程に進みながら、フランス語の授業がなかなか理解できずに困っていたなかで、ジュンク堂では『家庭の医学』や解剖学に関する本などを購入しました。

この頃に買って、結局、帰国するまで読まないままになってしまった小説もあります。本を読むのが遅いこともあり、なかなか読み進める時間を取れなかったのです。

テレビにしても、大抵の部屋にはありますが、部屋長が観ている番組を一緒に観るような感じです。自分で観たい番組を選ぶようなことはあまりできません。

そういう意味では、刑務所暮らしに似ているともいえそうです。パラシュート部隊の生活よりは自由度が高い刑務所もあるのではないかという気もするほどです。

部屋で過ごしていられるはずの時間でも、突然、廊下に集合させられることもあります。誰かが何かのミスをしたようなときがそうです。そのため全員で掃除をやり直すといったことも珍しくありません。そういうなかにいるので、ホームシックとはいわないにしても、自由な生活に戻りたい気持ちは常にありました。

だからこそ、パリでパトロールしていた期間は貴重で、日本の定食屋やジュンク堂に行けたことが大きな喜びだったのです。

人に飢えているという感覚に近いほど、民間人と交流したい気持ちがありました。

パリでの勤務中などにこちらから誰かに話しかけるようなことはしませんでしたが、まったく交流がなかったわけではありません。

ひとつ覚えているのは、犬の散歩をしていた日本人の女性です。リードがついている犬が私のそばに寄ってきて、クンクン匂いを嗅《か》ぐようにしたときに、その人が「サクラちゃん、ダメでしょ」と言ったのです。日本人なのだとわかり、「大丈夫ですよ」と言いました。すると相手の方から「日本人の方ですか？」と聞かれたので、「そうです」と答えました。長話をしたわけではなく、その程度のやり取りでした。それだけでも嬉しかった。

女性ではなく男性でも、日本語ではなく英語でも、言葉を交わすことができたなら、それだけでも心がはずみます。それほど一般人と触れ合いたい感覚があったのです。

●フランス語学校のすすめ

このパトロール任務のあと、長期休暇を取ることができました。

外人部隊は福利厚生がしっかりしていて、有給休暇は年間四十五日取れます。一年目はもう少し有給休暇の日数は減りますが、このときは四週間の休暇が取れました。その後はもう取る機会がないということで、まとめて取らせてくれたのかもしれません。上官からは「お前らはラッキーだ」と言われました。

休暇をどう過ごそうかとは迷いました。結局、トゥールーズの友達のもとへ行き、そこを拠点にフランス国内を旅しました。

このとき、そうしようかと思いながら実行に踏み切れなかったのは、フランス語の語学学校に通うことです。これから外人部隊に入ることを考えている人に向けては、最初の長期休暇を利用してフランス語の語学学校に入ることはぜひお勧めしたいところです。実際にそうしたことで、一気にフランス語が伸びた後輩もいました。

外人部隊にはマルセイユとラ・シオタという二か所に休暇の際などに使える保養所があります。三食付きの個室で一日千八百円ほどなので、そういう施設を長期利用しながら学校に通う方法もあります。

私がそうだったように最初の休暇を迎える頃には、なんとなくフランス語が聞き取れるようになっているものなので、必要はないと思われるかもしれません。しかし、ある程度、わかるようになっている段階だからこそ一気に習得しやすいはずです。

外人部隊のなかで会話に不自由しなくなっていても、そのフランス語には少々問題があります。さまざまな国の人間が話しているものなのでスラングなども混じっています。教科書どおりのフランス語とはいえないものになっているのです。外人部隊にいるフランス人からは「ここにいると自分のフランス語も変になる」と聞かされたこともあったくらいです。

私にしても、六年半、外人部隊にいたことでフランス語はそれなりに話せるようになったとは思います。それでもマクドナルドのような店で注文を聞き取ってもらえなかったこともあったくらいです。胸を張ってフランス語を話せるとは言えないままなのです。

外人部隊を辞めたあとの道としては、通訳などの専門職も含めてフランス語を活かした仕事に就くこともあり得ます。そのためにも、外人部隊の中だけで学ぶのではなく、こうした時期にしっかり基礎を身につけてしまっておいたほうがいいわけです。

●対戦車ミサイル課程と水陸両用課程

休暇が終わって部隊に戻ると、今度は対戦車ミサイル「エリックス（ERYX）」の課程を受けることになりました。二週間です。

座学と実習がありました。座学では、エリックスのデータ的な部分や各国の戦車や装甲車についても学びます。

実習では、対戦車ミサイルを簡単に撃つことはできません。シミュレーターで何度も練習したあと、課程の最後に本土にある射場に行き、一発だけ実際に撃ちます。戦車の残骸《ざんがい》のような標的に当たれば、エリックスの課程が修了したことになります。

動かない的に当てるのはそれほど難しくはなく、外した者はいませんでした。ミサイル一発の値段が三百万円くらいするというので、その意味でも外せない緊張感は強かったといえます。ただし、こうした試験で使うミサイルは新品ではなく、使わないまま古くなってしまったものだったようです。

エリックスに関しては、小隊ごとに二人ずつ課程を受ける者が選ばれていました。四つの戦闘小隊があるうち第一小隊は「ミラン」という別の対戦車ミサイルを扱うのでエリックス課程には参加しませんでした。計六人がこの課程に参加し、修了しました。これもミニミの担当になったのと同じで、自分で希望したわけではなく振り分けられてのことでした。

その後、水陸両用課程を受けています。

ゾディアックボートという軍用ゴムボートを操縦するほか、三〇〇～四〇〇メートルくらい沖から泳いで上陸して、浜辺で展開するような練習を行います。パラシュートで海に降下することもあります。

水陸両用課程は、水陸両用の第三中隊にいれば、初級であるレベル1は必須となります。レベル1では二時間以内に四キロ泳ぐ修了試験があります。私は一時間二十三分で泳げました。ウェットスーツを着て足ヒレをつけて泳ぎます。慣れないうちは足ヒレをつけると、かえって前へ進みにくくなります。幸いなことにも私は足ヒレをつけてうまく泳ぐコツを摑《つか》むことができていました。

こういう特訓や試験は海で行います。よほど危険な状態にでもならない限り、ボートに引き揚げてもらえないので、自分で完泳するしかありません。格闘技の練習もなぜか水陸両用課程に組み込まれていました。

中級のレベル2は必須ではなくてもほとんどの隊員は受けます。私も修了しました。

●将来を左右する「特技課程」

このように誰もが受ける基礎訓練のほかに、専門的な知識や技量を個人ごとに身につけていきます。

専門職種としての「特技課程」で何を選択するかは非常に重要です。

通信兵、衛生兵、車両整備士のほか、給養員（炊事係）、事務員、体育指導員などがあります。

それまでの訓練における評価や得意技能、過去の学歴や職歴、犯罪歴なども考慮したうえで振り分けられるので、必ずしも希望が通るとはいえません。それぞれの特技課程教育には三か月ほどの期間を要するので、一度その教育を受けて特技課程を身につければ、他の特技課程に移ることはまず考えにくいといえます。

『外人部隊125の真実』の合田さんは、所属する隊の小隊長から「日本人ならパソコンを使えるんだろ？　事務課程はどうだ」と言われたことをきっかけに、パソコンの経験がなかったのに事務課程に進んだそうです。

そのため部隊にいたあいだには長く事務職を務められています。とくに部隊内の秩序の維持に努める警務課が長く、除隊前には郵便係にも配属されました。本の中では、警務課での経験は「部隊を深く理解するうえで非常に得がたいもの」だったとする一方、郵便係については「最も楽な仕事で、最も退屈だった」と書かれています。このように特技課程は職務と結びつくので、慎重に考えるべきです。

私の場合、第三中隊に配属されたばかりの頃は通信兵を希望していました。それ以前に受けていたモールス信号の適性検査をクリアしていたこともあり、興味を持っていたからです。その後、衛生兵になりたいと考えるようになり、希望が通りました。

衛生兵とは、戦場などで救急活動と衛生管理を担う兵士のことです。「はじめに」でも書いたように戦場から離れた場所にいて運ばれてくる負傷者を診るわけではありません。戦場では歩兵として働きながら、必要に応じてその役割を担うことになります。

衛生兵を希望するようになったのは、衛生兵になっていた先輩であるクロアチア人とポーランド人の話を聞いているうちに興味を持ったからです。

私はもともと災害救援をやりたかったので、救急活動の研修を受ければ役立つのではないかとも考えました。実際に消防の救急車に乗って活動する研修もあります。

今から思えば、どうして通信を希望していた時期があったのかが不思議なくらいです。除隊後のことを考えても、衛生兵としての知識と技術を身につけておきたいと強く思うようになっていました。

衛生兵課程が受けられるように努力もしました。

特技課程が決まる前に応急処置のテストなどがありました。そこでいい点数をとっておくべきだと考えて、自分でも勉強していたのです。そのため試験官の質問にはすべて答えられたので、「衛生課程に行けるように推薦しておく」と言ってもらえました。看護師資格を持っている上官だったので、その推薦が大きかったのだと思います。

日本にいた頃は勉強はあまりできないほうでしたが、この時期は自分なりに頑張りました。海外の人たちはこんなに勉強しないものなのか!? と驚かされたくらいなので、努力をすれば成果はあげやすいといえます。

●再びカステルノダリへ

この時期にコートジボワールに派遣され、戻ってから衛生兵教育を受けました。教育連隊であるカステルノダリの第四外人連隊の中には衛生兵教育の部署もあるので、三か月間、そこに行きました。施設の掃除をするほか、週末には基地警備の任務が入ることなどはありましたが、それ以外の時間は集中して学びます。

自ら志望したとはいえ、厳しい日々だったといえます。覚えなければならないことがとにかく多かった。人体の構造から医療的な処置まで、座学や実習はすべてフランス語なので、そのストレスも大きかったのです。

フランス語が完全に理解できるようになっていたわけではないうえに専門用語などは聞いたことがない単語ばかりです。ジュンク堂で『家庭の医学』や解剖学に関する本などを買ったのもそのためでした。

習っていることをなんとか理解したいと、あがいていたのです。

カステルノダリでの衛生兵教育を受けはじめた五日後に、そのままこの課程を続けていいかを判定するためのテストもありました。

心肺蘇生《そせい》のための胸骨圧迫などといった実技試験のほか、口頭での質問に答えられるかを問うテストだったので、なんとか通過できました。その段階で学科試験だったら厳しかったかもしれません。最終段階では大きな演習に同行して、負傷者が出たときにどう対処するかが評価されます。

この後、パラシュート連隊に戻ってさらに医療教育を受けました。

さらにあとの話になりますが、アフガニスタンに行くことが決まってからはレベルアップした外傷処置の訓練なども受けています。その訓練はフランス正規軍の医療教育部隊で行われました。

●戦場救急の心構え、「SAFE」と「MARCHE」

救急医療の分野では、フランスは進んでいるほうだと思います。

近年、その例が多く見られているように、都市部でテロなどがあれば、多くの被害者が出てしまいます。二〇一五年に起きたパリ同時多発テロもそうでした。こうした事件が起きた際、最先端の知識を持つ者が救護に当たり、適切な処置を行うことができれば、救える命はずいぶん増えるといわれています。それだけ知識と経験は重要なわけです。

アフガニスタンに行く前にフランス軍の医療教育部隊からは「ＳＡＦＥ」、「ＭＡＲＣＨＥ」という概念を教わりました。

Stop the burning process＝脅威の無力化（およその意訳、以下同）
Assess the scene＝現場状況の把握
Free of danger for you＝自身の安全を最優先
Evaluate for the ABC＝負傷者の症状の評価の開始

がＳＡＦＥです。

これは救急活動を進める際の優先事項をまとめたものです。「負傷者の症状の評価の開始」より先に「脅威の無力化」や「現場状況の把握」などが先にあるのは、負傷者のもとに急ぐことを焦って、味方の被害を大きくしてはいけないということです。

山岳医療でも、事故や遭難で疾病者が出た際、どのように救急活動を進めていくかという心得があり、その中では、助けようとする側の「安全を確保することが第一」とされているそうです。傷病者に近づく前にその場所が安全かを確認して、無理な救助はしないようにすべきだということです。雪崩などがわかりやすい例といえるのでしょう。〝事故の連鎖〟を起こさないことに何より注意しなければならないというわけです。

戦場での救急活動もそれと同じです。

たとえばアフガニスタンではＩＥＤ（即製爆発装置）による被害も増えていました。ＩＥＤによる負傷者が出た場合などは第二のＩＥＤ、第三のＩＥＤが隠されている可能性も高いので、迂闊《うかつ》に動くことはできません。

一般の方が戦場に立つことは現代の日本では考えにくいところです。しかし、テロ被害や地震などの災害、高速道路での事故などでも同様の心がけを持つことが大切になります。

Massive Bleeding Control＝大量出血の制御
Airway＝気道確保
Respiration＝呼吸の管理
Circulation＝循環の管理
Hypothermia＝低体温の予防
Evacuation＝搬送
がＭＡＲＣＨＥです。

こちらはSAFEを頭においたうえで実際に救急活動を行う場合の手順、優先順位をまとめたものです。

詳しく見ていけば専門書のようになるので、ここではこうした項目を挙げるだけにとどめておきます。いざというときMARCHEという言葉を思い出し、それぞれの項目が何だったかを思い起こすだけでも違うはずです。

フランス軍に限らずアメリカ軍などにも「SAFE」、「MARCHE」という概念はあると聞きました。フランス軍ではさらに「RYAN（ライアン）」という概念もあります。SAFEとMARCHEを構成する単語が英語なのに対して、RYANを構成するのはフランス語です。

Réévaluer＝再評価
Yeux, Oreilles＝目と耳の処置
Analgésie＝鎮痛
Nettoyez et Prévenez l'infection＝傷洗浄・感染症対策
がRYANです。

これは、SAFE、MARCHEの次の段階に何を行うべきかをまとめたものです。

搬送後には、負傷箇所などの見落としがないか、まず再評価すべきだということです。YからNに関しては戦場で慌てて処置をしようとするよりも次の段階で落ち着いて行うべきことがまとめられています。

目や耳のケガなど、命に関わることでなければ優先順位を落とし、負傷者が痛がっていても鎮痛はこの段階になってから考えればいいということです。

傷洗浄や感染症対策も大切なことなので、忘れず頭に入れておく必要があります。

●戦場での〝見捨てる勇気〟

戦場での救助、救命は特殊です。

誰かが撃たれたからといって、すぐに助けに行くことは、必ずしもよしとされません。戦闘中であるなら、戦闘を続けるグループと救助に向かうグループに分けるなどして、救助に向かう者が攻撃されない状況をつくりだす必要があります。そうでなければ助けに行ってはなりません。医療班がそこに行けないために撃たれた兵士が死んでしまったとしても、残念ながら仕方がないことです。

〝見捨てる勇気〟も必要なのだということをまず理解しなければいけません。負傷者のいる現場に行くことができ、攻撃を受けない遮蔽物《しゃへいぶつ》のある場所まで運ぶことができたなら、大量出血の制御から始めていく。そこからMARCHEの優先順位に従い治療を進めていけば、助けられる命は助けられます。

除隊後、衛生兵としての経験を伝える講習をさせてもらうこともあり、そうした際には、およそこのようなことを話しています。

こちらから一方的に話すだけではなく、いろいろな意見も聞かせてもらいます。たとえば、医療キットには「こういうものも入れておいて万全を期すべきではないか」といった意見などが出されることもあります。

しかし、こうした部分において万全を期すのは難しい面があります。衛生兵にしても、救急活動を行う目的だけで戦地で行動しているわけではありません。何かしらの任務があり、それを成功させるために行動することが前提となります。そのうえで、もし何かがあったときには救急活動を行うのが衛生兵に課せられた役割です。

医療キットが大きく重くなれば、作戦行動の妨げになってしまいます。

たとえばの話、本来の作戦のためにいくつもの山を越えなければならないとすれば、水や食料、作戦に使う爆薬などを背負って山道を行きます。衛生資材を増やすことで機動力が落ちて、作戦を失敗に終わらせてしまえば意味がありません。そういうところでの折り合いをつける必要は常にあるのです。

フランス軍では軍医も銃を携行しており、最前線まで行くことがあります。ただし、銃撃戦になったときには衛生兵は参加しても軍医は参加せず、できるだけ危険がないようにしています。軍医が負傷してしまえば、最も医療に長《た》けた人材を失うことになるからです。

軍医は我々のような戦闘行動訓練は受けていません。しかし、最低限の射撃訓練は受けており、前線に行くだけの体力をつけるためのトレーニングも行っています。それぞれの役割を考えたうえで必要なスキルと道具を身につけていくわけです。

●小隊での役割

衛生兵教育を受けたあとパラシュート連隊に戻ると、それまで所属していた戦闘中隊のなかでの衛生兵となりました。

ずいぶんあとになってから医療に特化した衛生小隊（後方支援中隊にある）に移らない

かと聞かれましたが、そのまま戦闘中隊にいることを選びました。

衛生小隊は、戦地にあっても、運び出された負傷者を受け入れるチームです。戦闘中隊のなかの衛生兵は戦闘任務などに直接参加するので、役割が違うわけです。

衛生兵教育を受けたあと、トラックの免許と装甲車の免許も取りました。これは希望ではなく割り振られてのものでした。

こうして装甲車の免許を持つ衛生兵になっていたこともあり、アフガニスタンに行った際には、本来所属する戦闘小隊ではなく、指揮小隊に配属されたのです。

指揮小隊にはＡＤＵ分隊というものがあります。

「ＡＤＵ」とは中隊の最先任下士官のことです。一般に曹長、軍曹が下士官としてまとめられます。先任とは、その階級に先に就いた人のことなので、ＡＤＵはキャリアのあるリーダー格といえます。

アフガニスタンでのＡＤＵ分隊は、一人のＡＤＵ（上級曹長）と三人の車両整備班（上級軍曹一名と上級伍長二名）、そして四人の医療班（軍医一名、看護官一名、衛生兵二名）、車両整備班を援護する一等兵一人で構成されました。合計九人です。私はこのうちの医療班に組み入れられたのです。分隊には三台の装甲車があったので、医療班の装甲車の運転手も務めることになりました。

このように、どういう訓練を受け、どういう職務（特技課程）に就いているかによって戦地に派遣された際の役割も変わってきます。

パラシュート連隊に配属された約三年後の二〇〇八年二月に私は伍長に昇進していました。さらに二〇〇九年十二月には上級伍長に昇進しました。そのためアフガニスタンには上級伍長として派遣されています。

コルシカ島にいるあいだにしても、伍長になってからは生活がずいぶん変わりました。

雑用を命じられる側から命じる側になり、自由にできる時間も増えたのです。

コルシカ島の私の宿舎は四人部屋で、部屋長になるとテレビのチャンネルも自分で選択できます。テレビの問題に限らず、人間らしい生活を送れている感覚に近づけました。

つまり、伍長になるまでが大変なわけです。

そうなるまでの部隊兵にとってのコルシカ島はやはりアルカトラズに近い場所だとはいえそうです。

第4章　自分は人を殺せるのか

●初めての海外派遣、コートジボワール

アフガニスタンに派遣される以前にも三度、海外派遣がありました。最初がコートジボワールでした。

パラシュート連隊に配属されてから一年が経とうとしていた二〇〇六年二月半ばから六月半ばまでの四か月間、治安維持活動に従事しました。

西アフリカのコートジボワールはかつてのフランス領であり、一九六〇年に独立しました。しかし、政情は落ち着かず、二〇〇二年九月に国軍から離反した兵士たちが武装蜂起《ほうき》したのをきっかけに内戦状態に陥りました。

二〇〇三年にフランスは軍を派遣して、現地のフランス国民の保護などに努めるようになりました。その後、コートジボワールの政府軍と反政府軍が停戦を宣言すると、フランス軍は停戦の監視と治安維持のため、軍を駐留するようになったのです。停戦後もコートジボワール国内での対立構造は解消されず、反政府勢力が支配する北部と政府機能が置かれている南部は分断されたようになっています。

二〇〇五年には内戦終結を宣言する和平合意がありました。しかし、国家統一を目指す

ための大統領選挙が延期されるなど、安定しない状態が続いていました。そんななかでの派兵に加わったのです。

コートジボワールには、政府軍と反政府勢力、それとはまた別の武装勢力が存在していました。いつ大きな衝突が起きるかわからないなかで、フランス軍と国連平和維持活動（ＰＫＯ）の部隊が睨《にら》みをきかせていたのです。

私が所属するパラシュート連隊の第三中隊がコートジボワールに派遣されることは早くから決まっていました。私たちが第三中隊に配属されたときにはすでに予定されていたことだったのかもしれません。私たちが派遣された段階でコートジボワールは激戦地という認識のされ方はしていなかったと思います。そのため、派遣を聞いたときにも過剰に緊張することはありませんでした。

それでも出発が近づいてくると、治安の安定しない国に行き、任務に就くのだという意識が強くなり、緊張感が生まれてきました。フランス国内の基地警備などとはやはり違います。激戦地とはいえないにしても命の危険がないわけではありません。

〝自分が殺されるかもしれない。逆に誰かを撃たなければならない状況になったとき、それができるのか〟といったことを考えました。

●自分が殺される可能性

コートジボワールでは、ヤムスクロ空港の近くにつくられた駐屯地が拠点になりました。ヤムスクロは一九八三年からコートジボワールの首都になっています。それ以前の首都であるアビジャンほどは発展しておらず、南北を分断する境界近くにある政府側の前線になっていました。ヤムスクロを中心に装甲車でパトロールすることが主な任務でした。武器を持った現地の人を見かけることも多く、私たちも実弾を装備していました。ただし、戦闘になる可能性は低いと考えていました。防弾チョッキを車に積んでいながら着用はしていないような状況だったのです。

それでも二度ほど命の危険を感じ、戦場でのあり方について考えました。

一度目はジャングル付近で野営していたときのことです。ヤムスクロを出ればすぐにジャングルとなり、周囲を有刺鉄線で囲んだ野営所があります。そこで一週間ほど野営しながら周囲をパトロールしていた時期があったのです。

夜にはローテーションで警備に就いていました。赤土が剝《む》きだしになっているような道に立って、あたりを監視していました。すると、真っ暗な闇の中を遠くから小さなライト

防弾チョッキは着用していない

が近づいてきたのです。そのときは結局、自転車に乗った民間人だとわかりましたが、こちらが「止まれ」と言っても聞かずに近づいてきたので、もしかして……という思いがあったのです。このケースは大きな脅威を感じるほどのことではなかったのですが、先にも書いたように我々は基本的に威嚇射撃をすることも禁じられています。

明らかに自爆テロだと判断できたような場合は別にしても、そうでなければ、ギリギリまで様子を見るしかありません。

コルシカ島の訓練では、相手がナイフを持っているだけのときはこちらも銃を使わず、攻撃を仕掛けてこられたときに初めて銃で応戦してもいいと教えられていました。

それくらい慎重な姿勢でいて、過剰な威嚇や攻撃を仕掛けることは慎むべきだとされているわけです。もし誤射や誤爆で民間人に死傷者を出したりすれば、それだけ人の命を軽視していると世論に判断されてしまいます。

「疑わしきは罰せず」が戦場では大事になります。

慎重な姿勢を貫いていれば、自分が殺されてしまう可能性は高くなります。兵士であれば、それを前提にするしかないのだと実感した一件でした。

●今日、自分は死ぬかもしれない

二度目にはさらに命の危険を感じました。

ジャングルでの一件は、私が勝手に焦っただけだったのに対し、実際に銃を手にした相手と向き合うことになったのです。それは私が外人部隊にいた六年半のなかでも、もっとも怖いと感じた時間だったといえます。

トラック一台と装甲車数台を道に駐《と》めて、三人のトラック要員が市場へ買い出しに行ったときのことでした。命令により私は一人で装甲車を降りてトラックの前に立ち、見張りを始めると、いきなり武装した集団が現われて小隊の車列を取り囲んだのです。

ヤムスクロを装甲車でパトロールする

迷彩ズボンにカジュアルなTシャツを着ている十人ほどの集団でした。政府軍なのか反政府勢力なのか、私には判断が難しいところでした。異変に気づいた小隊長が後ろの装甲車のハッチから上半身を出して、やり取りを始めました。このとき私はカラシニコフ小銃を手にした三人と対峙《たいじ》する状況になったのです。これが「はじめに」の最初に書いた場面です。

こうした場合にしても、私たちのほうから発砲することはまずありません。相手が攻撃を仕掛けてきたならともかく、囲まれただけなら様子を見るしかないのです。治安維持を目的にしていながら、現地の人と積極的に争うわけにはいかないからです。

このときはとくに小隊長が相手とのやり取りを始めていたので、その成り行きを見守るしかありませんでした。

私は最初、銃のグリップを持っていましたが、相手がグリップから手を離せというので、刺激しないように手を離しました。銃はスリングで首からかけていたので、銃そのものを手放したわけではありません。

相手の銃にはセーフティロックがかかっていました。しかし、三人のうち一人が私の前を離れ、陰になる場所でガチャンと音を立ててから戻ってきました。弾を込めに行ったのだということはすぐにわかりました。相手のほうでも目の前でそれをやることで私を刺激するのは避けたわけです。

黙ったまま対峙している状況が続いているなかで〝今日、自分は死ぬかもしれない〟と考えました。さすがに怖くなってきて〝こんなことなら外人部隊になんか入らなければよかった〟という考えさえ頭をよぎったほどです。

●自分は人を殺せる……

あれこれ考えているうちに、記憶が走馬灯のように浮かんでくるのとは違い、楽しい記憶だけが甦《よみがえ》ってきました。隠さずに書くなら、吉本新喜劇のギャグなどが思い浮かんだのです。人間、いざとなったときには、それくらい状況と無関係なことが頭に浮かぶものなのかもしれません。どうしてこんなときに……と自分でも笑いそうになりました。それによって冷静さを取り戻して前向きになれたといえます。

相手と対峙していながら自分の中のネガティブな気持ちは打ち消し、この三人と戦うことになったらどう動くかを考えました。

最初に思いついたのは、トラックの下に潜り込み、タイヤを楯《たて》にして応戦する方法でした。しかし、その場合はおそらく、車の下に潜り込もうとしているうちに撃たれるだろうなと予測できました。それよりは、すぐそばの家の脆弱《ぜいじゃく》そうな扉を蹴破《けやぶ》るようにして入っていくのがベストではないかと思いついたのです。

こうして考えを巡らせているなかで、はっと気づいたことがありました。

それが〝自分は人を殺せる〟ということだったのです。

もちろん、好きこのんで人を殺したくなどはありません。しかし、このときのような状況のなかで命のやり取りに発展し、相手がこちらを殺そうとしてきたなら、こちらも応戦できる。するしかない――。

明確な殺意を持って銃を撃てるかどうかはともかく、殺されかけたなら殺されないように応戦はできると確信したのです。

自分の意識に変化があらわれた瞬間だったといえるかもしれません。

三十分くらい目を合わせないようにしながら対峙していたのだと思います。

やがて、小隊長が無線連絡したようで、駐屯地から中隊長が装甲車で駆けつけてきました。中隊長が彼らと話したことで、ようやく相手は引き揚げていったのです。

その瞬間の感覚は、はっきりとは覚えていません。「助かった。死なずに済んだ」とほっとするとともに、「やり合わずに済んでよかった」とも思ったはずです。

彼らがどういう勢力で、何のために我々を取り囲んだのかについては、今でもわからないままです。小隊長に尋ねれば教えてくれたかもしれません。しかし、パラシュート連隊に配属されてからたった一年だったこともあり、そうしようとは思いませんでした。上官に対しては、命じられたことには応じて、聞かれたことには答えても、自分から何かを問いかけたり、発信することはなかったからです。

とにかく長い三十分でした……。

●アフリカの生活

コートジボワールでは、自分がアフリカにいるということでの喜びも感じていました。子供の頃から動物が好きで、アフリカやジャングルに対する興味が強かったからです。ジャングルで野営していたときにしても、緊張感を持って任務に就いているのと同時に、そういう環境の中にいられることに喜びを見出《みいだ》している部分もありました。

現地の人たちは、大きなニシキヘビやトカゲなどを捕まえて持ち歩いていたり、野営所を囲む有刺鉄線の前まで来て、パイナップルやバナナを売ったりもしていました。パイナップルやバナナと、軍の携帯食とを交換してほしいと要求してくることもあり、それに応じたこともありました。現地のフルーツは、日本で食べていたものより熟しており、すごくおいしかったです。

空港近くの宿舎のほうには、許可を得て物品販売にやってくる民間人もいました。売っていたのはアフリカの服やお面、装飾品といったものでした。そういう人たちとの交流も楽しかったものです。

ヤムスクロはそれなりの町なのでリゾートホテルのような施設もあり、小隊全員でホテルのレストランで昼食をとったこともありました。私が食べたのはクスクスです。部隊の食堂でもクスクスが出ることはありましたが、アルジェリア出身の同僚は「本当のクスクスはこういうのではなく、もっとおいしい！」と言っていました。ようやく〝本当のクスクス〟を食べられたのです。味そのものより、ふだんの自由の少ない生活から離れて、アフリカのホテルでクスクスを食べられたことが感動的でした。

コートジボワールの宿舎では、朝、目が覚めると、夜間照明の下などにすごい数の虫が死んでいることもありました。日本の夏などにも、たくさんの羽アリのような虫が死んでいることはあります。その比ではありません。羽アリを大きくしたような虫が辺り一面を埋め尽くすように死んでいました。

コートジボワールにはサソリや毒蛇などもいるので、注意が必要です。

気がつくと、体に膿《うみ》が溜《た》まっていることもありました。サソリや毒蛇などに刺されたわけではありません。羽アリのような虫に刺されてのことなのか、原因はよくわかりませんでした。小さな傷にばい菌が入ることでそうなっていたのかもしれません。顔や足の甲などに大きな吹き出物ができるので、切開して膿を出すと、大きな空洞になります。そこに消毒液を染み込ませた細長い布地を詰めてガーゼを被《かぶ》せておく処置をしてもらっていました。それを何日か繰り返していくうちに徐々に治っていきました。

実際にこうした異変が起きることもあり、アフリカではエボラウイルスなどに感染しないかということも怖く感じていました。

また、とくに気をつけるように言われていたのがマラリアでした。マラリアを媒介する蚊に刺されないように十八時以降は長袖《そで》長ズボンでいることが義務付けられ、守らないと厳しく注意されました。

●「ヒロシマ」を知っていた少年

コートジボワールではいい経験ができたと思っています。派遣期間が終わる際にも、もう少しコートジボワールにいたいという感覚になっていました。

日本やフランスとはまったく違った文化に接することができたのが楽しかったというのがひとつあります。

コートジボワールでも自由にできる時間はそれほどなかったのですが、フランスの駐屯地にいるときにくらべれば解放感はありました。

フランスの駐屯地では、正直なところ、常にストレスがあります。ひと言でいえば、上からの圧力を意識することからくるものです。それに対してコートジボワールでは、雑用をしている時間の割合が減ります。パトロールなどの任務に就いている時間が増えただけでも精神的にマシでした。

任務中に出会った十六歳の少年も印象的でした。ジャングルの中の集落で藁《わら》と粘土の家に住む生活をしていたにもかかわらず、どういう教育を受けていたのか、ものすごく知性的だったのです。一緒にいた部隊兵が私が日本人であることを少年に伝えると「日本では一九四五年八月六日の午前八時十五分にヒロシマに原子爆弾が投下されましたね」と言うのです。アフガン兵から「ヒロシマ！　ナガサキ！」と言われたのはこれよりあとのことになります。日本に原爆が落とされたことは、今なお世界的によく知られているということなのでしょう。しかし、この少年は投下された日や時間までを口にしたのです。アフリカのジャングルに住んでいながらよくそこまで知っているな、と驚きました。彼だけが特別なわけではないのかもしれません。夜間にヤムスクロ市街をパトロールし

ジブチでの射撃訓練

ていると、道路の街灯の下で勉強している子供たちをよく見かけました。

家には電気がないのか、電気代の節約のためなのか、そうして勉強をしている子供たちの頑張りには感動しました。

●とにかく暑かったジブチ

コートジボワールの任務が終わったあとには休暇があり、そのあとに衛生兵となり、装甲車の免許を取得した流れです。

コートジボワールから戻ってから一年経ったあと、二〇〇七年の六月から十月まではジブチ共和国に派遣されました。アフリカの北東に位置して、紅海《こうかい》を挟んでアラビア半島と面しています。最高気温が七〇度を超えたこともあるという「猛暑の国」としても知られています。

ジブチへの派遣も、早い段階から決まっていました。コートジボワール派遣は治安維持のための作戦に加わる目的だったのに対し、ジブチ派遣は訓練や演習に参加することが主な目的になっていました。

ジブチは一九七七年の独立まではフランス領だったこともあり、独立時に結んだ防衛協定にもとづいてフランス軍が駐留しています。かつては第十三外人准旅団も置かれていたように重要な拠点です。「CECAP」という戦闘訓練センターもありました。私が派遣された頃は第十三外人准旅団があり、そこを拠点に、CECAPなどに行っていました。

CECAPで三週間の戦闘訓練を受けたほか、砂漠での演習もありました。基地の警備に就いてもいます。高地に行って軍のプレゼンスを示したこともありました。近隣諸国で危険な状況になったときに備えて常に体制を整えているという抑止力のアピールです。

ジブチはとにかく暑かったです。

私たちがいたあいだにも気温五〇度を超えることは珍しくありませんでした。そのため十二時から十五時までのあいだは活動禁止になっていました。砂漠は夜が涼しいともいわれていますが、そんなことはありません。夜になっても過ごしやすくはなりませんでした。

ジブチでは迷彩柄の半ズボンも用意されていて、駐屯地内ではかなり身軽な格好でいることが多かったものです。

フィールドに出ることが多く、駐屯地にいる時間はそれほど長くはありませんでした。自由になる時間は少なく、四か月のあいだに外出できたのは四回だけでした。そのため現地料理を食べるような機会がほとんどなかったのは残念でした。

現地の人たちとの交流も多少はありましたが、それよりむしろ戦闘訓練のほうが記憶に残っています。

戦闘訓練センターには、名物になっている障害物走のコースがあり、タイムを計測します。優秀とまではいえないにしても、それなりに上位に入れたので、自分では満足でした。高い崖《がけ》を登る必要があるなど難易度が高いコースです。すべての障害物をクリアできない人もいたなかで、やり遂げられた達成感がありました。

砂漠の戦闘訓練では、歩いているだけでも倒れそうになります。実際に駐屯地の周囲をランニングしていた際に熱射病になり、倒れて意識障害・痙攣《けいれん》を起こした兵士もいました。

こうした厳しい状況や訓練を乗り越えられたことが自信にもなります。このような経験があったからこそアフガニスタンに行った際などにも暑さに戸惑わずに済んだのです。

パラシュートの降下訓練もありました。私個人はジブチで飛ぶ機会は持てませんでした。この直前に装甲車の免許を取っていたこともあり、降りてきた兵士たちを砂漠まで迎えに行く役割を任されていたからです。

●歩きながら寝てしまうほどハードだった訓練

ジブチから戻ると、伍長《ごちょう》になるための教育を受けました。

これまで習ってきたことを復習して、一段階上のことをできるようにするための訓練です。戦闘分隊では、分隊長の下の伍長には一等兵か二等兵が二人つくかたちになるので、その際にどのように指揮をすればいいかといったことも学びます。たとえば「あそこまで移動するぞ」といったことを指示する場合にしても、フランス語での決まった言い方があるので、そうしたフレーズを覚えていきます。

伍長になるには、二つの方法があります。一つはカステルノダリの第四外人連隊に行って、専門の部署で三か月ほどの教育を受けることです。もう一つは自分の連隊の中にいながら必要なことを学んでいく方法です。後者の場合、期間は一か月ほどと短くなるので、その分、毎日がハードになります。

私は後者に行くよう命ぜられ、パラシュート連隊の中で伍長教育を受けました。

その一か月間は睡眠時間もずいぶん減ってしまい、一度しかシャワーを浴びることができませんでした。

屋外に天幕を張って、そこで野営しながら訓練を続けるなど、シャワーのない環境で過ごさなければならない日が多くなっていました。汚い話をすれば、終盤には頭を掻《か》けば、目に見える汚れが落ちてくるようにもなっていました。

夜通しの行軍をしていて、歩きながら寝ていたこともありました。だんだん隊列から横に逸《そ》れていってしまい、段差でつまずいて目が覚めました。そうなっていたのは私だけではありません。私の前を歩いていた人間もやはり同じように隊列から逸れていき、かくんとつまずいて戻ってくるところを見たりもしています。

●脱走と覚悟

最近は、あまい気持ちで外人部隊を目指す日本人が増えているといった類《たぐ》いの声がよく聞かれます。

「そういう人が外人部隊に入ることができるか？　入ったとしても五年間耐えられるのか？」といえば、一概には決めつけられません。

ただし、最初の体力テストなどをクリアする体力があれば、入隊できる可能性は低くないと思います。その後はどの連隊に入るかによっても変わってきますが、雑用ばかりの日々にはうんざりすることになるでしょう。また、多かれ少なかれ、かなりの装備でかなりの時間、行軍を続けるようなことは避けられません。それに耐える体力、精神力があるのかどうか？　自信がなければ最初から入隊を考えるべきではない気がします。

日本人に限らないことですが、契約期間中に脱走してしまう部隊兵も少なくありません。「訓練についていけない」、「日々の生活やしきたりに失望した」などという理由が多いのだと想像されます。外人部隊がどういうところなのかをしっかり理解しておらず、そこでやっていくための覚悟が足りないわけです。フランスでの生活や戦場を経験することへの憧《あこが》れだけでやっていけるものではありません。

五年間やり通すことができれば得られるものは大きくても、途中で辞めてしまったのでは得られるものは少ないと思います。それこそ十代、二十代の貴重な時間をムダにするだけになるかもしれません。

外人部隊への入隊を考えるなら、思いどおりにはいかない苦しい五年間に耐える覚悟が必要です。訓練中にケガをすることが珍しくないのはもちろん、一生、治せないような重傷を負うこともあり得ます。

戦地に派遣されて命を失うこともあります。その可能性はそれほど高くはないにしても、実際にアフガニスタンで死んでいった兵士を私も見ているわけです。入隊を志願するのであれば、そういう現実は理解しておくようにすべきです。

●ガボンとシャンゼリゼ大通り

二〇〇八年九月から翌〇九年の一月まではガボン共和国に派遣されました。

ガボンはアフリカ大陸の西岸中部に位置する赤道直下の国で、一九六〇年に独立しています。それ以前にはフランス領になっていたこともあり、防衛協定によってフランス軍が駐留しています。

ガボン派遣はジャングルでの訓練を受けることが主目的になっていました。

一度だけ、ある近隣国に緊急展開するかもしれないので「三時間以内に出発できる準備をしておくように」というアナウンスが出たことがありました。いよいよ出番かと色めきたちましたが、そのときは結局、出動はありませんでした。

ガボンでは特殊部隊の人もいる正規軍教育隊から指導を受けて、ジャングルでの行動について学べたのがよかったです。ジャングルコマンドー課程が三週間で、そのあいだはジャングルで生活します。夜は蚊帳《かや》付きのハンモックで過ごしました。

パラシュート降下訓練も行いましたが、ガボン派遣の目的はジャングルに慣れることだったといえます。

ジブチでは砂漠に慣れ、ガボンではジャングルに慣れる。

山岳部隊といえる第二外人工兵連隊であれば雪山での訓練も行うように、どのような環境にでも対応できるようにしていくわけです。

厳しい三週間だったのではないかと思われるかもしれませんが、個人的には楽しめました。もともとジャングルでのブッシュクラフト（自然の材料を多く利用した自然界での自活術）に憧れていたこともあり、多少なりともそれに近いことができたからです。

訓練のほかでは基地警備をしたり、ジャングルの奥地への民生支援にも行きました。青年海外協力隊や日本大使館関係の人など日本人も多く、交流できたのも嬉《うれ》しいことでした。

ガボンでのジャングル訓練の様子

ガボンから戻ったあと、二〇〇九年七月十四日の革命記念日にはシャンゼリゼ大通りの軍事パレードに参加しました。

その練習のために駐屯地近くの空港の滑走路で行進の練習をしたことも含めて、なかなかできない経験ができたと思っています。滑走路を行進するなどということはこうしたときでもなければできません。ものすごく開放感がありました。

本番のパレード前には我々のすぐ近くを大統領が通っていきました。パレード中は、一般の観衆が我々を外人部隊と認識したうえで歓声を送ってくれていたのも嬉しかったものです。

パレードのあとにはパリの市庁舎で正規

軍やインド軍と昼食会を行い、フランス料理のフルコースを食べました。後にも先にもないほど豪華な食事でした。

●アフガニスタンへ行くことを選んだ理由

軍事パレードに参加した際にはすでにアフガニスタンに行くことを決めていました。五年の契約期間のうち四年が過ぎた頃、所属する中隊が、私の契約が満了したあとすぐにアフガニスタンに派遣されることを伝えられたのです。それで私は契約を一年半延長することにしたのです。

アフガニスタンに行くだけなら延長は一年でも大丈夫な日程でした。しかし、アフガニスタンに行った場合、戻ってきた直後には除隊できません。少なくとも半年、隊に残らなければならない規定があるのです。そのため一年半、契約を延長することを決めました。

契約を延長しながら派遣から外されては意味がないので、派遣部隊から外れないようにしてほしいということは契約延長の条件として私のほうから念押ししました。

派遣が正式に決まってからは、訓練も、より実戦を意識した内容のものになっていき、毎日が充実していました。

パリ、シャンゼリゼ大通りにて

自分の所属する中隊にアフガニスタンへの派遣予定があると知るまでは、五年で除隊する気持ちは揺るがず、早く日本に帰りたいと思っていました。

それにもかかわらず、どうして契約を延長してまでアフガニスタンに行くことを選んだのか？

自分でもうまく説明はできませんが、理由はいくつかあったように思います。

ひとつは自分の経験のためです。今の日本で普通に生きていれば、戦場を経験する可能性はかなり低いといえます。五年間、外人部隊にいたのだからその経験をしてみたいという気持ちがあったのです。

ひと言で括《くく》れば「好奇心」ということになるのかもしれません。興味本位ではないにしても、自分のためです。

多くの人は戦争はなくなったほうがいいと考えているのでしょうから、戦場を経験したいという気持ちなどは理解できないのだと思います。そういう意見は十分理解できます。

私にしても戦争という行為を積極的に肯定しているわけではありません。戦争がなくなり平和な世の中になるならそうなってほしいのはもちろんです。しかし、戦争がなくならない限り、誰かがそこに行きます。そうであるなら、訓練を受けた自分が行くという選択肢はあるのではないかと考えたのです。

もうひとつは、自衛隊に入れず、日本で居場所をなくしかけていた自分を拾ってくれたフランスという国、外人部隊という組織への感謝の気持ちがあったからです。その恩返しとして、自分にできることをしたい気持ちも強かったのです。フランスに対しては第二の故郷という意識も芽生えており、愛国心に近い感情を持つようになっています。

〝人生、一度しかないのだから〟という思いもありました。


だからといって、死ぬかもしれない選択をすることは理解できないと訝《いぶか》しがる人もいるはずです。そういう疑問を持たれるのもわかります。

私にしても、わざわざ死地に足を踏み込みたいとは思っていませんでした。それにもかかわらず行くことを決めたのは〝実際はそれほど危険な目に遭うこともないままに任務が終わるのではないか〟という考えがどこかにあったからだともいえます。

アフガニスタンに行けば、一〇〇パーセント、戦闘に参加することになり、自分が死ぬことになるとわかっていたとすれば、アフガニスタンに行く選択はしませんでした。

そうなる可能性はあっても、そうならないかもしれない。

そういう精神的な逃げ道があったからこそ踏ん切りがつけられた気がします。

こうして振り返ろうとしても明確な答えは出しにくいところです。

さまざまな思いと不安に揺れ動きながらも、どうなるかはわからない、という部分で自分の気持ちを折り合わせていた気がします。

●死について考え……、考えるのをやめた

アフガニスタンに行くということは家族には電話で伝えました。

命の危険がないわけではないので、アフガニスタンに行くことは伝えておくべきだと思っていました。それでも必要以上に心配をかけたくもありませんでした。そのため「大きな基地の中にある診療所に医療支援で行くだけなので危険はない」と話しておいたのです。

親はアフガニスタンと聞いただけでも驚いていました。そんな反応は最初から予測していたので、あらかじめそういう嘘をつこうと決めていたのです。

出発が数週間後に近づいてきた頃、あらためて死について考えて、怖くなってもきてい

ました。

その頃には遺書を書いておこうとも考えました。法的な意味での遺書ということではなく最後の手紙のようなものです。送る相手はそれなりの人数、思いつきました。

最初には、外人部隊に入る前にイギリスで立ち寄っていた中学時代のALTだった人に宛てて書くことにしました。しかし、何を書けばいいかと迷い、予想以上に時間がかかってしまいました。

次には親に宛てて書こうと思いましたが、何を書こうかと悩んでいるうちにやめてしまいました。結局、最初に書いたイギリスの知人に宛てた遺書も送りませんでした。

そうこうしているうちに恐怖心が薄れてきたというか、「あれこれ考えていても仕方がない」という気持ちになっていました。

考えようと考えまいと、死ぬときは死に、助かるときは助かる。

いつのまにかそう思い至り、自分の死についてあまり考えなくなったのです。

外人部隊を除隊して帰国したあとには自衛隊の人たちと話す機会も少なからずあります。彼らからはよく「戦地に行く際の死生観はどのようなものでしたか？」と聞かれます。そんなときにどう答えればいいかはやはり悩みます。

「死生観というほどの立派な心構えはありませんでした。死ぬことを考えていてもしょうがないから、その時々の状況において自分のやるべきことをひとつひとつこなしていこうと思っていたんです」

そんなふうに答えています。

実際にそれが現実の感覚に近かったといえます。

この頃の気持ちや精神状態はなかなかうまく表現できませんが、それほど深刻に死については考えないようになっていたことだけは確かです。

終章　除隊後の人生

●アフガニスタンからの帰還

外人部隊での五年契約の満期は二〇〇九年十月に迎えることになっていました。

最初の五年契約を終えると、半年単位で契約を更新できます。アフガニスタン派遣の任務を受けられるようにするため、一年半、契約を延長したというのはすでに書いたとおりです。それによって二〇一一年四月の除隊予定になりました。

海外派遣から戻ったあとの半年間は除隊できない決まりがあるだけでなく、除隊前の半年間は例外を除いて作戦に参加できなくなります。ケガを避けるためにパラシュートの降下練習もしてはならないということで、監視する側の役割に就くようになりました。

その半年はやや微妙なポジションにいたわけです。そのあいだ、何もできずに退屈だったのかといえば、そんなことはありません。行軍に参加したり、医療支援の役割で射撃訓練に同行するなどして、それなりに充実していました。

この時期でとくに思い出に残っているのはドイツ軍やベルギー軍との合同演習が外人部隊のパラシュート連隊で行われたことです。そのときも飛べなかったのは残念でしたが、指導する側の助教として彼らと交流できたのです。

アフガニスタンに行く前に上級伍長《ごちょう》になっていたので、この頃には雑用をする必要もほぼなくなっていて、楽しく半年を過ごせました。

アフガニスタンに行ったことに関しては、個人的にはマイナス点を思いつかないほどよかったと思っています。これまでの人生において、最も充実した日々だったとも振り返ることができます。もちろん、大きなケガなどをすることなく、無事に帰れたからこそ、そういえるのだとはわかっています。

アフガニスタンに行って人間として成長できたのかといえば、自分ではわかりません。アフガニスタンで人生観が変わったというようなことはなかったと思います。ただし、外人部隊をきっかけに変わったことはあり、その延長線上にアフガニスタンがあったといえるのかもしれません。小さなことは気にしなくなり、大胆になった気がします。

いざという場面を迎えたときに、逃げずに向き合える自信を持てました。

死生観や覚悟といった大げさなことではありません。目の前のやるべきことをしっかりやろうと考えていれば、恐怖心は誤魔化せるというだけです。少なくとも私はそうでした。

●テロリストと戦うということ

「戦争を肯定するのか？　自分たちの側に正義があると思っていたのか？」と問われたなら、どう答えればいいかは難しいところです。

ひとついえるのは、少なくともフランス軍は、攻撃するという意志を持って民間人に銃を向けたりはしないということです。しかしテロリストは、無差別テロなどによって民間人を傷つけます。その一点においてもフランス軍が正しいと私は思っています。

テロリストの側にも彼らの信じる正義があるのだろうとは理解していました。だからといって、彼らの行為を容認していれば、多くの民間人が死んでしまいます。それを止めるための戦闘はやむを得ないという考え方です。

私の考えに賛同してもらいたいということではありません。自分たちが正義の味方だという意識だったわけではなく、そういう考えのもとで戦場では与えられた任務に従事していたということです。

テロリストも人間なのですから、面と向かって対峙《たいじ》すれば、攻撃をためらう気持ちが生まれる場合もあるはずです。しかしそこで、正義や倫理といったことを考えはじめると、身動きが取れなくなってしまいます。その葛藤《かっとう》はやはりあります。自分なりに答えを出すか、そうでなければ、なんらかのかたちで割り切るしかないのだと思います。

幸いにも、上官からどう考えてもおかしいだろうというような任務を与えられることはなかったのですが、もしそういう任務が与えられていたとしても、従っていた気はします。部隊に所属して給料をもらい、そのための訓練を受けているというのはそういうことではないかと考えているからです。

外人部隊に入り、六年半を過ごしたことに関しての後悔はありません。もし自分が望んだときに自衛隊に入隊でき、災害救援に携われたならそうしたかったという思いはありません。しかし、それがかなわなかった段階で、まったく興味のない仕事などに就いてしまわず、外人部隊を選んだのはよかったといえます。

●恩給、生命保険、傷痍軍人手当

延長期間を含めて契約が終わったあと、さらに契約を延長することはまったく考えませんでした。

そのまま外人部隊に残るという選択肢も、もちろんあります。

現在の規定では十九年半以上勤務すれば恩給が出るので、恩給を受けられるようにするため、それだけの期間、外人部隊に在籍する人もいます（勤務年数に関しては階級や海外派遣回数などで基準が変わってきます。規定そのものが変わる可能性も常にあり、新規の恩給がなくなる可能性もないとはいえないはずです）。

条件を満たしていれば、除隊直後から死ぬまで恩給を受けられるようになります。そういう先輩も知っていますが、彼の受給額は、手取りで毎月十万円を超えるようです。

日本にいて恩給だけで生きていくのは厳しいにしても、生活をしていくうえでは大いに助けられる金額といえます。物価の安い国などに移住すれば、除隊後、恩給だけで暮らしていくのも可能になるでしょう。

外人部隊は、就職先として考えてもおかしくない組織といえます。

外人部隊に入隊すると、すぐに生命保険に加入するようにもいわれます。二つの保険からどちらかを選ぶかたちになります。私はそうした部分には無頓着《むとんちゃく》なほうなので、教官が勧めるほうに入りました。正直にいえば、月々の保険料がどれだけで、死亡した場合にはどれだけの保険額が出るのかといったことも覚えていません。覚えていないというより、元から把握していなかったというのが本当のところです。

アフガニスタンに行く際には、保険額の高いプランに変更するようにと言われて従いました。掛け金は高くなっても、何かあったときに受け取れる保険額を高くしておくべきだからです。とくに何事もなくフランスに戻ることができたので、その後にまた、元のプランに戻しました。

外人部隊には「傷痍《しょうい》軍人手当」もあります。

戦地に派遣されていたときだけに限らず、訓練中なども含めて、負傷したときや死亡したとき、本人か遺族が受け取れる手当です。

休暇中などに利用できる保養所のような宿泊施設があることもすでに書いています。

ケガをすることも多く、命の危険もあるからこそ、こうした面のシステムも構築されているのだと思われます。

●外人部隊に入るなら清掃スタッフになるつもりで行くべき！

「外人部隊に入りたいんですけど、どうでしょうか？」と相談されることもあります。

そういう場合、ひと言で、やめておいたほうがいいとは言いません。

「どういう訓練を受けたいと思っているのか。それがイメージどおりなのかといえば、そうとは限らない」、「戦地に派遣されたいと思っているのか、されたくないと思っているのか。どちらを希望しているにしても、どうなるかはタイミングと運次第だ」と話します。

これまで書いてきたことの繰り返しのようになりますが、とにかく現実はよく理解しておくべきです。

私もそうだったように特殊部隊を連想するような訓練を受けられるとイメージしがちな人も多いのだと予想できます。しかし実際は、戦闘行動の基本などを徹底的に仕込まれるのに近いといえます。

海外派遣や訓練に関すること以上に強調しておきたいのが雑用についてです。

「掃除や草むしりといった雑用はものすごく多い。雑用が九割になると考えておいて、清掃スタッフになるつもりで行ったほうがいい」とアドバイスしているというのもすでに書いたとおりです。聞かされた側は大抵、いくらなんでも大げさでしょう……というような反応をみせます。しかし少しも大げさではありません。実際に外人部隊を経験した人なら誰にも異論はないはずです。

事前に私がこうした話をしていてもやはり半信半疑で、期待のほうを大きくしてしまいがちなのだと思います。それで外人部隊に志願して入隊しておきながら、「イメージと違った」と帰ってきてしまう人もいます。そうなった場合は、経験者の言葉を信じなかった自業自得だとしか言いようがありません。

行軍についていけない、腕立て伏せが求められる回数できない、といったことから脱落する人もいるにはいます。しかし、こうした問題に関しては、しごかれているうちになんとかできるようになる場合が多いといえます。それに対して「イメージと違った」、「こんなに雑用ばかりしたくない」という人は我慢が利きません。統計的なものはないにしても、脱走していく多数派はこのタイプなのではないかと思います。

いずれにしても、あまい気持ちで入隊を考えているなら、やめておいたほうが無難です。入隊はできたとしても、その後、五年間、耐えられるかといえば、難しいはずだからです。外人部隊に入ろうと考えるなら、現実をよく理解したうえで、最低限の体力をつけておき、覚悟を持って徴募所に行くようにしてほしいと願います。

できることならば、ある程度でもフランス語を習得しておいたほうがいいのも間違いありません。それによって途中で挫折《ざせつ》する可能性はずいぶん減らせるはずです。

●看護師になるという決意

私個人のことに話を戻します。

アフガニスタンから戻ってきた頃には「日本に帰ったら看護師になろう」と決めていました。アフガニスタンに行く一年少し前、ガボンに派遣されていたときに青年海外協力隊の看護師と交流する機会が持てたのがきっかけのひとつになっています。

看護師であれば衛生兵としてやってきたことが生かせるのではないかと思ったからです。「DMAT（Disaster Medical Assistance Team＝災害派遣医療チーム）」や「国境なき医師団」に入りたいという憧《あこが》れもありました。戦地ではなく災害現場に行き、銃は持たないことになっても、これまでの経験の延長線上でやっていけるのではないかと考えていました。

実際はどうかといえば、私の認識はあまかったといえます。DMATではそれほど危険な場所には行かず、本当に危険な場所には消防や自衛隊などが向かいます。そうだとすれば、衛生兵の経験よりも救命救急センターなどでの経験のほうが役立つことになるのでしょう。

その点に限ったことではなく、今はDMATに入りたいという気持ちは薄れています。

しかし、アフガニスタンから戻った頃は、ＤＭＡＴに入れるかどうかはともかく、看護師になる希望を強くしていました。救急救命士が私の理想ですが、消防官受験の年齢の上限を越えていたので看護師になる道を目指すことにしたのです。

そのため、除隊前に日本に帰国して看護学校の入学試験を受けたりもしました。しかしその学校には落ちてしまいました。試験に数学があったからかもしれません。私にとって数学は、どこまでいっても人生の鬼門です。外人部隊にいながら中学校の参考書を使って数学を学び直すようにしていても、高校の数学まで達することはできずにいたのです。

除隊して帰国したあと、別の看護学校の試験を受け、合格した学校に行くことにしました。入学したのは三十二歳になる年のことでした。

卒業後には看護師として病院で働きはじめました。しかし、自分は看護師に向かないように感じて一年半ほどで辞めてしまいました。

看護学校に通い始めて間もない段階で、違和感は持ち始めていたのが正直なところでした。それでも、せっかく入学したのだから資格を取るまで頑張ってみたのです。そのうえで病院に就職してみても続かなかったのですから、進むべき道を選ぶのに失敗したとはいえるかもしれません。ただ、資格はこれからも持っていられるので、いつかまた看護師になることもあり得ます。

●二〇一一年三月十一日、私はフランスにいた……

私はもともと災害救援に携わりたくて自衛隊に入りたいと考えていたのですが、二〇一一年三月十一日は、皮肉なことにも除隊直前に当たり、フランスにいました。

東日本大震災が起きたときは、最後の休暇中でトゥールーズの友達のところへ行こうとして夜行列車に乗っていました。友達の家で津波の映像を観て、原発事故のニュースを知ったときには言葉を失いました。

自分に何かできることはないか？

そのために日本に帰国できないか、と考えました。

すぐに思いついたのはフランスの消防隊が救援活動のため日本に派遣されるのではないかということでした。そこで、知り合いのジャーナリストに相談してみたのです。そのジャーナリストは消防関係にツテがあるということだったので、「自分なら医療用語も含めて通訳ができる。役に立てることがあるはずなので、日本に行く救援隊があるなら同行させてほしい」と、当たってもらうようにしました。

私の除隊予定は四月でした。しかし、こうした事情であれば、除隊を数週間早めてもらうことなどもできるのではないかと考えました。所属する中隊に対しても、除隊を早めてもらえないかと掛け合っていたのです。

結果からいえば、フランスの救援隊派遣には間に合いませんでした。フランスでは震災が起きた直後から救援に向かう準備を始め、三月十四日には大規模な救援隊が日本に着いていました。仮にもう少し早く連絡がつき、消防隊が私を受け入れようとしてくれたとしても、除隊前の私を加えてもらう手続きは間に合わなかったと思います。

●「帰れる場所」としての外人部隊

現在の私は、これからの生き方を模索している最中です。

衛生兵として学んだ経験や、さまざまな出会いからつくられてきた人脈を生かして何かをやっていけないかと試しはじめているところです。

私の知る外人部隊にいた日本人たちの現在もさまざまです。

普通に日本でサラリーマンをやっている人もいれば、警備員をやっている人もいます。アフリカで仕事をしている人もいれば、パリの料理店で働いていたり、パリのショップで販売員をしている人もいます。

フランス語が話せることも含めて外人部隊の経験をなんらかのかたちで生かそうとするのか、まったく関係ない仕事に就くのか……。どちらの道もあるわけです。印象としては、外人部隊の経験とは関係のない仕事に就いている人のほうが多いのではないかという気がします。

外人部隊に入り直した日本人の先輩もいました。そうした場合、除隊した当時の階級に戻れます。しかしその人は、除隊前とは別の連隊の所属になりました。

外人部隊には「アミカル（Amicale de la Légion Étrangère）」という互助会のような親《しん》睦《ぼく》会もあります。OB会のようなもので、定期的に会合が開かれていて、仕事を紹介してもらえることなどもあるようです。元外人部隊兵は世界中のさまざまな国にいます。そうした結びつきを大切にしていることで助かる部分もあるはずです。

南フランスのピュルビエ村というところには外人部隊の「老人ホーム」といえる施設があります。百人ほどが暮らせる規模です。病気療養が目的の人もいれば、そこで余生を過ごそうとする人もいるようです。

個人的にはアミカルのような機関を利用する機会はこれまでありませんでした。元部隊兵が集まる会合などに出かけることも減っています。交流を避けたいわけではなく、なんとなくそうなっているだけです。

長い時間を一緒に過ごした仲間たちと会いたくなる気持ちはやはりあり、交流が断たれているわけではありません。以前の仲間やその家族が日本に来れば、案内役を買って出ることもあります。

これから私がどうなっていくのか？

とりあえずは衛生兵としての経験などを伝えていく講習は続けていこうかとは思っています。そのことも含めてどうなっていくかはわからず、まだまだ先が見えない状況です。

可能性がかなり低い選択肢として、外人部隊に戻ることも考えられなくはありません。年を重ねたときに身寄りがいなくなっていれば部隊の老人ホームに入ることもあるかもしれません。なるべくなら老人ホームには頼らずに済む人生を歩んでいきたいとは思っていますが、いざというときには頼ることのできる場所があるのは心強いといえます。

そういう意味でいっても、フランス外人部隊は〝心の故郷〟になり得る場所なのかもしれません。

これから先、人生がどうなっていったとしても、帰りたいという気持ちになったなら「帰れる場所」になっている。

そういう場所を持つことができたのは私の誇りでもあります。

六年半の日々がそういう場所をつくってくれたのです。

野田　力（のだ・りき）
フランス外人部隊パラシュート連隊・水陸両用中隊元隊員（2004年〜11年）。アフリカのコートジボワールで治安維持活動に従事したのち、衛生兵としてジブチにて砂漠訓練を経験。ガボンにてジャングル訓練を受け、アフガニスタン戦争も体験する。帰国後は看護師免許を取得、自身の経験を伝える活動もおこなっている。本書が初めての著作となる。

本書に登場する人物に関しては一部仮名にて表記しております

フランス外人部隊《がいじんぶたい》

その実体《じつたい》と兵士《へいし》たちの横顔《よこがお》

野田《のだ》　力《りき》

2018年 9月10日　初版発行
2024年10月20日　5版発行

◆◇◇

発行者　山下直久
発　行　株式会社KADOKAWA
〒102-8177　東京都千代田区富士見2-13-3
電話　0570-002-301（ナビダイヤル）

編集協力　内池久貴
装 丁 者　緒方修一（ラーフイン・ワークショップ）
ロゴデザイン　good design company
オビデザイン　Zapp!　白金正之
印 刷 所　株式会社KADOKAWA
製 本 所　株式会社KADOKAWA

角川新書

ISBN978-4-04-082245-7 C0295

KADOKAWAの新書 好評既刊

窒息死に向かう日本経済
浜 矩子

政府が打ち出す働き方改革の「多様で柔軟な働き方」は、国民を際限なく働かせ、GDPを上げようとする魂胆によるもの。カネもモノもヒトも呼吸困難で窒息死に向かっている日本の現状を分析し、打開策を探っていく。

本当に日本人は流されやすいのか
施 光恒

日本人は権威に弱く、同調主義的であるという見方が根強くある。だが本来、日本人は自律性、主体性を重んじてきた。改革をすればするほど閉塞感が増すという一種の自己矛盾の現状の中で、日本人の自律性と道徳観について論考する。

誰がテレビを殺すのか
夏野 剛

ネットがここまで普及した今、テレビの存在感が年々薄れていることは誰もが認めるところ。このままテレビはなす術もなく殺されてしまうのか。業界の抱える問題やそれらをクリアするための方策、そして未来について。

不機嫌は罪である
齋藤 孝

慢性的な不機嫌は自らを蝕むだけでなく、職場全体の生産性を下げ、トラブルやハラスメントの火種になる。SNS時代の新たな不機嫌の形にも言及しながら、自身と周囲を上機嫌にし現代を円滑に生きるワザを伝授する。

思考法
教養講座「歴史とは何か」
佐藤 優

世界で起きているものは、民族問題、宗教問題の再発である。揺れる現代社会を理解するには、根源的な歴史哲学や論理を押さえなければ表層をなぞるだけになる。朽ちない教養を身に付ける、危機の時代を生き抜く思考法!!